U0310186

适性建筑

Contextual
Architecture:
Harmonizing Locality
with
Modernity

徐辉 著

中国建筑工业出版社

序

随着现代科技的飞速发展，建筑设计的边界也在不断延伸，我们能看到越来越多新鲜的、具有时代特性的建筑设计涌现出来，潜移默化地影响着大众对于建筑的认知。

而作为建筑师，我们需要在关注建筑现象的同时，更多地聚焦建筑思想。建筑是地域性的产物，扎根于具体的环境之中，受所在地域伴生的地理地貌、气候、人文、环境及历史文化的影响。其生成既与经济、社会、科学技术、社会思想息息相关，也映射着人们的生活与情感。现代科技为建筑的建造方式和材料选择提供了更高的自由度，建筑师应追本溯源、回归专业，探究怎样的建筑设计才是"在地而生"、接地气的、具有生命力的建筑。

中原文化厚重而包容，其在地性建筑实践实则不易。徐辉先生深耕中原本土近四十载，广议博考、反躬践实，对于中原大地本就有着深厚的情感和体悟，孜孜不倦地沉淀着对于中原本土文化的感悟。早年在交谈中，他就提出"构筑有思想的建筑"和"为美和爱而生"的人生追求，且能做到长久地喜欢一件事而不倦怠并不是一件容易的事。

本书的理论核心"适性"始于对地域、气候的观察感悟，需要有严谨恭敬的态度。如果对天地山川、历史人文没有敬畏感，就谈不上对自然和社会的深刻了解，无法产生那种与天地相感应的心理，自然也难有大格局。适性建筑理论具有普遍的启发性，引领人们去思考当下的"本性"（真实性和客观性），探索未来的"自性"（个体叠构后的价值），赋予建筑创造性和秩序性，是一种因地制宜的思考实践，一种与时俱进的人文情怀。

徐辉将自己的"悟"与"道"赋予"适性"二字，以适性理论去探究如何营造合适的、贴切的建筑。这也正是徐辉一直以来所坚持的建筑创作观：好的建筑方案应该是自然的、从容的，是不勉强的；既有具象也有抽象，既有形也有神，既有分隔也有融合共生。

纵观其创作，建筑设计方法并不固定，而是不断变化的，这正是基于对每一处环境的尊重，即适性之建筑。立足于此，徐辉将适性建筑理论在平原与丘陵相生、都市与乡村相伴的中原大地上应用实践，创作了诸多代表性作品。

这是一本面向大众的书，向我们展示了实现适性建筑的诸多途径。书中字里行间充盈着一种轻逸的、近乎愉快的哲学味道，"自适其性"中充满了对人生和自然、对城市和建筑高度诗意的感悟。读罢全书，又更加感受到笔者对建筑创作的思虑与责任。

中国工程院院士
全国工程勘察设计大师
华南理工大学建筑学院名誉院长、教授
华南理工大学建筑设计研究院首席总建筑师

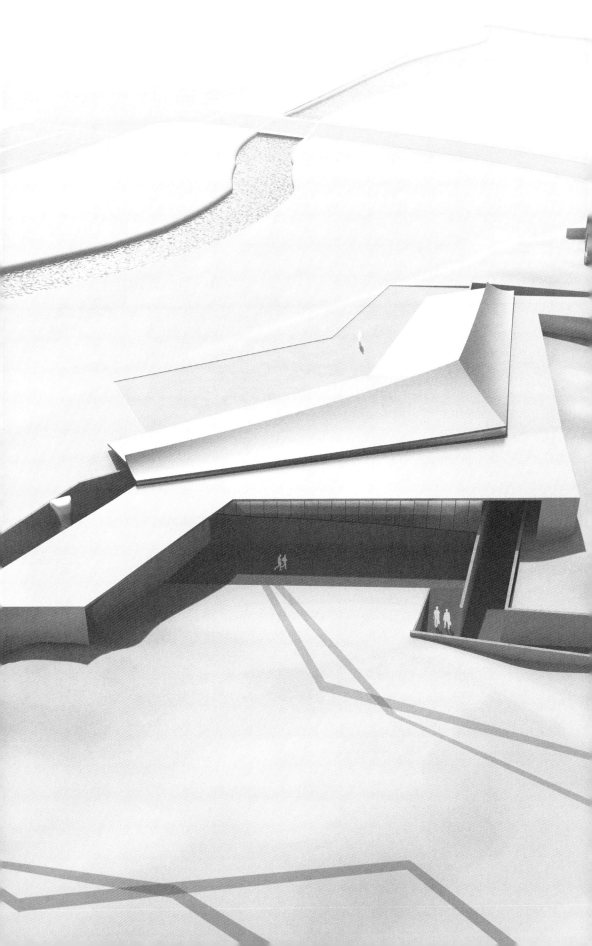

前言

适性建筑是对建筑设计与建造实践过程的一种本性的写照，它是一种率真自然的态度，是对建筑价值取向的考量。

适性建筑主张在自然规律本性特质的基础上，通过场所的建构来探寻建筑的在地性、时代性、文化性、同育相生、可持续发展，诠释建筑所在地方的真实性，包括对自然环境、社会环境、文化、经济的恰当回应。

适性建筑强调人在建筑中的真实体验，通过建筑的介入，让人、场所、环境产生良性关联。这种关联基于地方真实的社会与文化需求，在自然生命与空间的互动过程中形成一种"序"，从而在时间、空间、场所、人文脉络中合理地解决现实问题，让本土真实性的人文环境、自然环境和场所精神得以延续。人与环境、建筑、城市、社会成为共生的有机整体，最终达到顺其自然、自适其性的和谐。

目录

适性实践

I

适性建筑：思考与探索

何为适性

适性是一种自然而然地将自己的本性展现出来的过程。

"自然耳，故曰性"。[1]"性"是事物与生俱来、内在的、特定的属性，是事物存在和发展变化的内在动力。"适"揭示了万物和谐共生、有机统一的关系，蕴含"共生""共融""适度"等生态思想；同时，也包含人文风俗以及社会生活中具有美学意义和价值的秩序。

同时，郭象[2]认为，万物皆处于永恒的变化之中。"以变化为常，则所常者无穷也""率性而动，动不过分"，即适性并不意味着固执一隅、偏于一方，与时俱变是适性的必然要求。

1　此句出自郭象的《庄子·山木注》。《庄子》是战国中期庄周及其后学所著道家经文，其书与《老子》《周易》合称"三玄"。外篇中的"山木"由各自独立的 9 则寓言故事组成，反映了社会生活中的种种体验和感悟。

2　郭象：字子玄，河南人，大约生于三国魏齐王嘉平四年（公元 252 年），卒于西晋怀帝永嘉六年（公元 312 年）。郭象是西晋时期重要的玄学家、哲学家。

瓦尔斯温泉浴场

只有个体事物都适性，才能达成所有事物的适性，事物才能在适性造就的和谐关系中独立、充分地发展。我们追求一种顺己性而为的状态，即适性而为，它要求"顺物自然""自适其性"。这里的自然有三层含义：第一，自然环境；第二，自自然然，回归本质；第三，顺其自然，根据万物的自然规律行事。其原则是率其真性，即遵循本性而为，在性分之内率性而为。

从自然生态的角度来看，适性而为追求的是自然平和的建筑观，主张顺物自然，提倡自然之美。正所谓"天地有大美而不言，四时有明法而不议，万物有成理而不说"，这与以自然法则和事物的内在规律为营造基础的生态观念相契合。维特鲁威的《建筑十书》曾写道："自然所创造的一切事物都受到和谐法则的控制"，在和谐法则的控制之下，自然创造的一切才能是完美的。为了营造出融入自然、适于生活的建筑环境和独特的建筑艺术形象，要求建筑师根据现有自然环境的情况，优化空间形态，以应对地域气候条件；顺应地形地貌，以应对地理条件，这就是所谓环境气候的适性。

如瓦尔斯温泉浴场，卒姆托从自然地貌及人文的角度出发，以山间巨石中流淌的山泉为形态意向，将建筑嵌在坡地之中，呈现从山体中生长出来的姿

克罗地亚武切多尔文化博物馆

态。这样的设计既可以最大限度地维持场地地形地貌的完整性，又可以满足浴场特殊的私密性需求和使用者良好的观感与体验。

又如克罗地亚武切多尔文化博物馆，选址在高差 20 余米的坡地上，建筑功能与地形相契合，面向多瑙河呈阶梯状排布，屋顶蜿蜒而上，融入山地景观。人们在穿行中了解武切多尔文明，营造出一种人与艺术、建筑与自然相生与共的和谐状态。

从社会生活的角度来看，适性是一种秩序的美，是美的本质。美源于"自适其性"，物物自适己性，物物均有其美；万物美美与共，方能和谐共存。正如古语所说"百里不同风，千里不同俗"，多样且独特的自然地域环境形成了各地不同的生活习俗和精神意识，同时成为地方建筑生长的沃土。

↑　湘西凤凰古城　　↓　贵州省贵阳市镇山村

在湘西凤凰地区的苗族村寨里，常见立于悬崖峭壁和江边的吊脚楼，村寨依地势而建，一方面是为了适应当地水热同季、湿润多雨等特殊的气候条件，更好地利用地理环境；另一方面也有利于农业耕作，体现了山民依因自然，顺应环境的朴素自然观。又如云南香格里拉的独克宗古城，当地的高原气候、立体气候决定了古城居民半农半牧生产生活方式的同时，也孕育出极具地域特色的建筑形式，形成人文与自然完美契合的美丽景致，贵州省贵阳市镇山村的民居也是这方面的良好例证。如此渗透进民俗生活，洋溢风土人情，延续本土文化，体现人文关怀，才能使建筑内在与外在的和谐相互契合，从而产生美的感受。

从建筑的空间本性来看，营造空间不只是为了提供一处用以生活居住的场所，更重要的是对人们渴望亲近自然的多元化精神需求的回应。而空间适性

云南香格里拉独克宗古城

营造的目的就是为迎合多元化的社会生活需求，同时也强调建筑空间的流动性、不确定性和功能的复合性。

以适性理念营造的建筑空间，其边界是模糊的，空间分隔是弹性的，建筑形态是消融于自然环境之中的，或者拥有相互渗透的功能空间和似是而非的室内外关系。也可能改变传统建筑"屋顶—墙体—地面"的界面关系，将三者混同起来，丰富空间体验层次。

建筑的模糊性空间是取意并尊重自然的，始终融于自然环境之中。它要求建筑尽量避免确定的界面关系，通过空间的相互交织，使建筑拥有自然的动态。

模糊的室内外空间：劳力士学习中心
妹岛和世、西泽立卫

从建筑材料营造的本性来看，建筑的材料追根溯源都来自于自然，都有
其所生长和适应的地域环境，是不能背离的，这就是材料的"天赋"和
"本性"。

因此，建筑材料营造会因人、因时、因地而有不同的选择与做法，是无绝
对、非标准的。正如传统生土材料建造的窑洞，必然与当地的土壤特性分不
开；多山多石的地区，建筑材料多采用木、石、土建造；而位于黄河边的中
原五岳书画院项目，则离不开黄河泥沙的色调与质感。这种用地域性材料构
建而成的建筑更亲土、自然与健康，不会失去它的地域性特质。在当代的建
筑创作中，建筑师需要深入领会材料的"自然法则"，把材料自身的独特属
性作为一种形式语言，赋予建筑真实朴素的思想与情感。

模糊的室内外空间：劳力士学习中心

妹岛和世、西泽立卫

综上所述，"以变化为常，则所常者无穷也"。对于建筑本身来说，只有适本土之性，在其性分之内挖掘其价值，以一种谦和的姿态处理建筑与其他因素的关系，才能在地而生，具有生命力。因此，我们将传统文化中适性的思想引入建筑创作中，多角度、全方位地综合运用"共生""共融""适度"的生态理念，去整合资源、探索空间，最终形成适性建筑理念。

源于自然的建筑材料

←　贵州省贵阳市镇山村

↑　湘西凤凰县山江镇

↓　豫西地坑窑院

适性地貌场所

"顺物自然"即以自然为师，成就天地万物的自然本性。

日本建筑师隈研吾将建筑上升至哲学层面，他认为无法与大地割裂开的，才是建筑。建筑诞生在特定的场所，并反映外部环境所赋予的特质。建筑活动基本都是"从内到外"和"从外到内"的双向运作过程，在这个过程中要把握"适"与"度"，关注物性的自然生态尺度，探寻设计的合理性与逻辑性。

顺应自然环境的场所营造强调用建筑自身的逻辑与场地互动。这就要求建筑师要积极挖掘场地线索，利用地形地貌的自然状态，统筹建筑的整体布局，表达空间形态的多样性，营造出恰如其分的场所精神，使建筑与基地的各项要素形成一个有机的整体，使其与基地的关系达到"适度"的状态。

顺应地势、与自然共融共生的理念在红二十五军鏖战独树镇纪念馆项目中有着具体的呈现。

项目位于河南省南阳市方城县东北 24 公里的独树镇七里岗，地处伏牛山余脉，整体地势北高南低。在设计中，我们延续了原有的战争遗址区地形，对其进行优化整合，在空间序列中融入现代景观元素，形成连续的景观界面。

纪念馆作为红二十五军抗战精神的一个载体，以抽象的、交织前行的双螺旋线勾勒出建筑与场地的边界，使边界与空间紧密结合，自然与建筑的联系更加紧密的同时，也隐喻了"红色精神"的延续传承。从场地文化和历史延续性的角度出发，出于对场地的尊重，建筑以匍匐的姿态延展于大地之上，内敛含蓄的形体与周围环境相融合。

与地形结合的红二十五军鏖战独树镇纪念馆

红旗渠博物馆基地周边环境

在基地边坡处，采用顺应地形的大面积绿地覆盖于建筑屋顶之上，与地形融为一体，不仅削弱了建筑的整体体量，也与环境形成良好的交互关系。建筑屋顶设计为上人屋面，在突破传统屋顶形式的同时，延续了大地的形态，模糊了二者的异质性，使外部空间更具连续性和自由性，体现出建筑与周边自然环境的充分融和。

红旗渠博物馆项目同样体现了顺自然而为、与场地同构的理念。

项目位于河南省林州市太行山边，为了最大限度地削弱其对

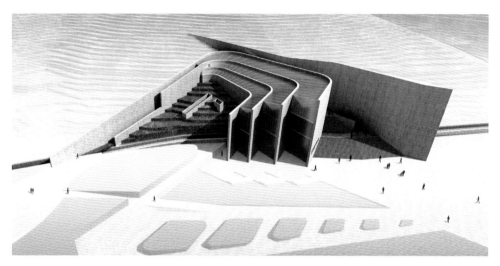

融入山体的红旗渠博物馆

自然山体的影响，建筑体量化整为散。部分空间置入山地之中，整体形态与山地融为一体。地表之上通过自由的墙体将自然山体延伸到建筑内部，限定建筑主次入口以及通向山体的人行步道。顺应自然山体之势的同时，内部空间也体现出连绵且不规则的特性，增加了建筑的空间层次，模糊了大体量建筑与山体的关系。

同时建筑与干渠相结合，建筑横跨于干渠之上，在主入口台阶处使用高强度钢化玻璃，淙淙流水从脚下流过，给人一种置身自然的体验。人工建筑物与自然景观的相互契合也充分体现了"顺物自然"的理念。

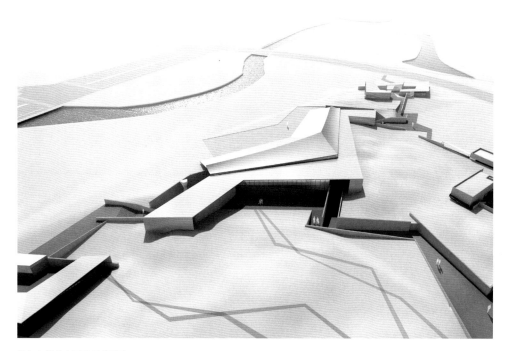

植入大地的中原五岳书画院

中原五岳书画院位于河南省郑州市西北邙山南麓，北侧毗邻黄河风景名胜区，周边环境原始而生态。场地内自南向北有 12 米高差，南高北低，独特的场域条件赋予建筑得天独厚的设计基因。设计充分利用这一地形特点，将建筑主体植入场地，营造一种曲径通幽的建筑空间体验。

建筑的大部分体量掩埋于地形之中，以矮墙和台阶提示前进路线，引导参观者从外部自然环境进入建筑内部空间。通过顺应地形高差的方式来延续自然景观，灵活处理建筑与场地的关系，避免建筑的突兀感，形成空间与视觉上的延续。同时又有明确的界面感与场所归属感，建筑被以蜿蜒就势的形态植入大地，达到与场地地貌相融、自然共生的效果。

五台山旅游综合服务中心——意向的"新山景"

五台山旅游综合服务中心项目位于山西省五台山风景名胜区金岗库乡，紧邻205省道大石线与清水河。项目整体规划结合原始地形高差，在考虑土方平衡的基础上进行设计，将基地由南向北、由低到高划分为三个台地。让建筑积极地回应周边的自然环境，合理地消解场地的高差关系，整体建筑群形成错落有致的空间形态。

在建筑造型设计方面，抽象出当地特有的佛教建筑的"屋顶""红墙""台""林""塔"等构图和造型要素；以山为其形，将原有的传统建筑元素进行现代转译，使之融入地域环境，宛若天成，再现五台山这一中国佛教圣地的独特视觉形态。

脉络的回应

车尔尼雪夫斯基曾在《生活与美学》一书中提出："凡是显示出生活或使我们想起生活的，那就是美的。"面对历史与环境时，我们不能只注重物质层面的再生，更要注重积淀下来的城市印记，这就是我们所说的回应脉络，延续场所文脉，传承历史记忆。如开封市顺河回族区传统街区改造项目就体现了脉络与生活的延续。

在开封市顺河回族区有着曾被誉为"河南首坊"的东大清真寺（简称东大寺），这是一座历史悠久、规模宏大的古寺。东大寺所在街区内伊斯兰教、基督教和佛教三教并存，宗教文化资源丰富，同时也是当地回族人口最集中的社区所在。片区内具有研究价值的历史建筑众多——历史悠久的清真寺及街道、保存良好的民国时期天主教堂。片区内现存比较完整的四合院更是清末民初中原地区合院民居建筑的活标本。

多元化的宗教、民族和悠久历史杂糅在一起，共同形成该传统街区的文化系统，而这些潜在的文化习俗在社区原住民的情感、认知和行为中体现出来。

作为一个以回族为主的社区，东大寺在社区中占据着核心地位。"围寺而居""围寺而市"是社区的主要物质空间特征，街区内别具特色的胡同、街道，如烧鸡胡同、草市街等，作为街区历史脉络的依托，像是一张充满历史痕迹的网，把整个街区笼罩起来。

因此，在项目改造时，我们着重于融合本土文化和人文关怀——关注传统街区的内在价值，探索保留街区既有风貌的恰当方式，避免历史记忆的淡化和流失，使其潜移默化地融入现代环境之中。以体验和联想的方式追寻和延续人们对传统街区空间的情感。以遵循环境真实性原则为前提，保留住属于这里的"故事"。

↖ 天主教堂　　↗ 刘青霞故居
↙ 开封东大寺　　↘ 田家宅院

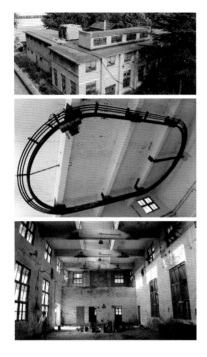

唤醒历史记忆的场所细部

同样，工业旧厂房折射出城市发展的轨迹，她的质朴与率真保存着时代的记忆，蕴含着浓郁的人文情怀。我们不应当将其从城市中抹除，而应尊重不同的时代印记，挖掘其特质。

保留老建筑的记忆和情感，不是对其进行简单的修补和改造，而是要融入当代的新技术、新产业及其功能诉求，为老建筑焕发新的生机，增添新的内容。惟其如此，才能让承载着一个时代工业生产印记的老厂房被激活，澎湃起新生的血脉。

以郑州电缆厂老厂房改造（昆仑望岳艺术馆）项目为例，漫步在厂区内，仿佛在光阴中穿梭，感受到历史的变迁。锈蚀的门锁、斑驳的墙面、略显萧瑟的厂房……似一位垂垂老者在独自细数那曾经的辉煌，虽已往昔不再，但对于居住在厂区周边的老一辈人而言，这里依旧是他们不可磨灭的记忆。

唤醒历史记忆的场所细部

静静矗立的钢构件反映出工业时代的冷峻气质，随处可见的红砖却又为其增添了温馨的怀旧情调。旧厂房特有的宏大空间、工业建筑的大跨度桁架结构、完整保留的机器装置和特殊构件，粗犷而直接地展露在我们面前，仿佛是园中的一件件"艺术品"，散发着别样的艺术气息。

我们试图保持工业建筑的本色，用厂房粗粝、冰冷的外表唤起人们对工业时代情感与记忆的共鸣；真实还原历史场景，传承其独有的文化特色，以触及情感的方式延续场所记忆。

郑州煤矿机械厂（简称郑煤机）位于郑州中原区西部老工业区，是 20 世纪 50~80 年代工业遗产的代表。中原区是郑州人眼中的"老郑州"，曾经承载着这座城市往昔的辉煌，位于其中的老旧厂房则是那段历史岁月的见证。对它们的改造不应只是简单的空间重塑，还应包括文化的传承与故事的延续。

充满历史记忆的传统工业厂房

情感脉络的"真实性"来自于物质的"真实性"，建筑的形态、色彩、材料以及细部的构造特征塑造空间的情感，例如显露在外的结构、外墙砖等立面肌理。原有建筑的压顶、线脚、窗洞等，形成兼具传统工业风格和当代科创属性的建筑形态，让人们在新建筑中重获逝去的记忆。

西部老工业基地的工业遗存是老郑州人的精神家园，联系着这片土地的过去与未来。曾几何时，这里封存着那个时代年轻人心中的梦想和激情漫溢年代下共同的城市记忆。

如今，原本完整的工业遗址建筑群被慢慢分割、拆改、破坏，城市的文化脉络开始出现越来越严重的断层与缺失。一个时代的逝去，在某种意义上也代表着人们与当时生产、生活方式的告别。

这里亟待被注入新鲜血液，赋予新的价值。郑州老西区的历史、工业文明的历史，不仅需要被铭记，更需要通过空间重塑实现功能重塑，使其被重新唤醒和激活。

充满记忆真实性的传统工业厂区

本性生活

1981 年，国际建筑师协会（UIA）发表的《华沙宣言》确立了以建筑 - 人 - 环境三者作为一个整体的概念，强调了人与自然无法分割的关系。人起源于自然，是自然的一部分，置身于自然之中，才能获得生命活力。建筑设计如何回应自然环境是影响人类生活的重要因素。

从建筑学的视角来看，本性生活是基于自然意向的生活"形式"设计。此处的"形式"强调的是自然与人之生活方式深层架构的外在体现。它追求的是素朴自然、平和淡远的建筑观。如何在居住建筑中体现人的本性生活，创造可以在日常生活中感知生活千滋百味的质朴空间，是我们应该思考的问题。正如玛丽埃塔·米莉（Marietta S. Millet）指出的那样："人们在此的感知，是由对当地气候的反应及对身处环境的即时感受二者相叠加的综合体验"。

壹品腾冲项目就充分体现了质朴生活、自然随性的设计理念。项目位于云南省腾冲市区北部，西南侧为宝峰山，观景视野优越。腾冲当地气候宜人、四季如春，独特的地理环境以及多民族融合聚居的人文特色，造就了当地多元的建筑风格。

←　壹品腾冲方案示意　　→　雁鸣湖静泊山庄方案示意

位于云南省腾冲市的和顺古镇是著名的侨乡，六百多年来，中原文化、西洋文化、南诏文化等在此交融碰撞，形成了独特的侨乡文化和马帮文化。在这里既可以领略到徽派建筑婉约的神韵，也可以感受到西式建筑明朗、典雅的气质。

建筑以传统院落式布局为主，采用灰砖、白墙、黛瓦等当地传统材料。街区环境纯朴自然、原始生态；建筑没有张扬的配色和繁杂的布局；院落是大自然与生活空间的呼应，展现出平静雅致的生活本真之美。

相似的理念在雁鸣湖静泊山庄项目中也有所体现。项目中我们致力于唤起人们体验原始自然的情感需求。

雁鸣湖静泊山庄坐落于河南省郑州市中牟县雁鸣湖畔，北涉黄河古渡，南邻国家森林公园，拥有丰富的自然景观资源。规划设计并非采用传统建筑形制，而是将自然环境融入生活，凝练地域特征，结合自然山势，临水而建。建筑设计将"诗意栖居"的定位植入建筑场所，本性生活的设计意图得以在项目中体现。由此，建筑与周边绵延的山脉、独特的气候以及与之关联的历史人文相互交融，形成密不可分的有机整体，打造出回归自然的现代生活高品质社区。

腾冲传统民居

地坑窑院项目位于河南省三门峡市陕州区岔里村，地处秦岭山脉东延与伏牛山余脉的交会地带。当地以山地、丘陵和黄土塬为主，黄土厚度深、土层均匀。干燥的气候条件及自然环境，为建造窑洞提供了得天独厚的地质条件。

独特的自然地域环境让豫西特有的民居形式——地坑窑院应运而生。地坑窑院也叫天井窑院，有着"见树不见村，见村不见屋，闻声不见人"的特色，是人居营建与自然地理环境的密切结合，体现了人们不断适应和改造自然，最终与自然共生的结果。项目尊重并承续生土建筑的传统文化，通过现代手法弥补地坑窑固有的通风不良、塌顶、渗水等缺点，赋予其新的功能属性，激发建筑使用价值的再生，使建筑与自然、与时代"和谐一致"。

与自然密切结合的地坑窑

可适空间表达

可适空间表达是一种尊重自然与建筑本性间适度关系的表达，表现为在建筑边界来回试探的实践过程。可适空间是模糊的、不确定的、复合的；是为了符合多元化的社会生活，回应人们对于多样感知体验的精神需求而出现的。

第一，在形式上，打破建筑的界面，让空间边界变得模糊。通过削弱边界的存在感，而不是隔断，使得不同的空间相互渗透、流动。

在设计红旗渠博物馆项目时，将"渠"延伸进建筑空间之中，与人行栈道一起，伴随游人的步伐徜徉流动。它在建筑中穿梭，连接着建筑内外，创造平和而有趣的空间节奏。在建筑中游历的过程就像在沿河漫步，潺潺河水在脚边流淌，创造出不一样的空间体验。

永威上和郡项目以"宅中院，院中园"为设计理念，通过建筑来围合、分隔空间，突破传统庭院空间的边界。同时，社区中心的下沉庭院设计打破了地上空间与地下空间的分隔，将自然绿意渗透进地下空间。庭与院、上与下，多维度景观空间层层渗透，将自然景色融入人居生活。

建筑横跨于渠上，顺渠而建

瓦尔斯温泉浴场

第二，在建筑形态上，使其消融于自然环境之中，尊重自然，注重建筑与环境的适度关系。在此，借由建筑大师彼得·卒姆托的代表作之一——瓦尔斯温泉浴场来更好地表达这一概念。

该项目是一个改扩建项目，包括对既有酒店建筑进行改造，以及新建一座温泉浴场。要求浴场建于泉眼正上方并邻近酒店。卒姆托以瓦尔斯山区的片麻岩作为基本材料，部分建筑隐于山体之中，应和着瓦尔斯山谷的巨石，让建筑与当地的地形地貌连成一气。最终呈现出来的就是"山脉，石头，水，用石头建造，石头的建筑，建筑处于山脉之中，建筑从山脉中凸现出来，建筑被山脉湮没……"的模糊建筑形态。

第三，在功能上，非确定性也是模糊空间的一种方式，使之拥有悬而不定的功能空间、似是而非的室内外关系。

例如悉合创谷办公楼项目采用"类地空间"的建筑理念，为办公人员提供了

悉合创谷办公楼"屋顶上的生活"

五层"类地性"办公环境，这种"类地性"办公场所的营造模糊了办公与生活的界线。在空间上形成了"屋顶上的生活"的核心序列，以此构成整个项目的特色。

区别于一般屋顶平台独立、开阔的特点，这一屋顶合院空间序列是融于整个建筑序列之中的，是建筑内部空间的拓展和延续，表现出空间的延续性、模糊性和层次性。

第四，在材料语言上，充分展现边界穿插的模糊性表达，合理创造虚边界，如利用阴影的过渡和高低空间的变化来增强空间的可体验性。

2009 年的英国伦敦蛇形画廊展区，就是在轻巧的柱子上以连绵的铝板搭建起一处交流空间。建筑以简单的结构打造出若即若离的动态秩序。铝板的高反射特性让建筑的屋顶倒映出周边的树木、草地和天空，纤细的立柱让边景观不被遮挡，模糊了建筑与环境的边界，整个建筑空间更具多义性、流动性。

蛇形画廊（2009 年）

妹岛和世、西泽立卫

第五，在空间层次上，改变传统的"屋顶—墙体—地面"的界面功能关系，将三者加以叠加利用，丰富空间层次。

吉鸿昌纪念馆的设计原则是通过打破建筑边界，将视线串联，让游客在参观纪念馆的同时，通过通透的空间界面，眺望到刘青霞故居，多方位感知历史变迁。刘青霞故居、吉鸿昌纪念馆是个体中整体逻辑的考量，形成开放的流动连续性空间。

项目中层次丰富的空间体验主要是通过改变地面与屋顶的固有功能来实现的。纪念馆将底部架空，以此将游客的视线引向刘青霞故居，在架空层顶部展示纪念馆的文化与历史，让

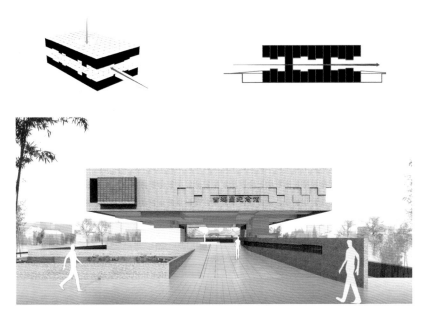

转变屋顶与地面关系的模糊空间

置身于此空间的游客感知"复活"的文化记忆。在此，借由连续不断的纪念性顶面和体验性底面营造出的模糊空间，使人在游走的过程中产生连续而模糊的内外空间体验。

不知不觉间，吉鸿昌纪念馆的展示空间就从室外开始了。视线与展示物，虚与实、内与外不断交叠、互动，模糊了人们的空间感知。继而，建筑、环境与展示空间的区分也模糊了。内依旧是内，外依然是外，而精神上的感受却消隐了内外空间场域的界限，削弱了屋顶与地面的区隔。

材料的在地性

建筑的根本在于建造，在于建筑师利用材料将之构筑成整体的建造过程和方法。

木、石、砖、瓦、水泥等都是取自于自然的传统材料。尽管在当代，建筑材料的标准化程度越来越高，世界各地的建筑所使用的材料差别越来越小。但就每一种材料自身来说，它都源于传统材料的再创造，它的构造逻辑始终保持着一贯的独特性，都应符合其所生长的特定地域环境，这就是材料的"原真性"，也是地域文化的载体。

因此，建筑的营造因人、因时、因地而异，有不同的材料选择与构造做法。这种融入地方传统材料的建筑也就不必担心会丢失其地域性的特质，从而体现出对当地自然环境和人文的尊重。材料营造是对建筑材料"真实性"的追寻，是在各种不同的地域条件下，对如何利用材料的本性来真实反映建筑气质的探讨。

适性主张真实地展现材料的自身特质，营造建筑的自然本土性和时代性。可以说，在某种程度上，建筑的感染力要依靠材料的表现力来实现。

西非建筑师、教育家和社会活动家迪埃贝多·弗朗西斯·凯雷（Diébédo Francis Kéré）是第 51 位普利兹克奖获得者，其 Lycée Schorge 中学项目根据场地环境与文脉，利用当

源于自然的建筑材料

Lycée Schorge 中学的红土砖墙及木制屏风

地既有的材料和资源，激发使用者参与建造，创造出具有可持续性与包容性的社区聚集空间。

墙壁是由当地开采出来的红土石制成。最初从泥土中开采出来的石头可以被很容易地切割成砖；当砖块暴露在空气中一段时间后，会逐渐变得结实坚硬。这种材料的比热容较大，因此非常适合用于砌筑教室的墙壁；同时，与独特的引风塔和悬挑屋顶相结合，有助于降低室内空间的温度。

像透明织物一样的外立面装饰是教室外侧的木制屏风系统。这一层次的立面是由当地的速生材制成，可以作为教室周围的遮阳装置。木制屏风不仅可以起到保护教室不受灰尘和风侵蚀的作用，还为学生打造出许多非正式的、灵活的集会空间。

夯土墙

此外，还有中原五岳书画院、陕州地坑窑改造等项目，均结合项目的在地性及原始风貌，选用了更具"原真性"的建筑材料。

中原五岳书画院位于河南省郑州市，项目北面距黄河自然风景区不到 2 公里，周边环境原始而生态，独特的场所条件赋予建筑得天独厚的设计基因——植入大地，与自然共生。

建筑采用原始材料——夯土作为主要墙体材料，构筑方法采用北方民居中常见的土窑筑墙方式，以现代手法重现传统工艺，最终呈现出原生、质朴、自性的材料美感。显露于地面的屋顶采用铝板打造，拉丝铝板的金属质感与粗粝的夯土墙形成强烈对比，传统与现代共融。

生土建筑

陕州地坑窑位于河南省三门峡市一个有着悠久历史的千年古村落中。作为穴居方式的遗存，地坑窑利用自然地形下沉式挖掘，呈现出与大地融为一体的反常规构筑方式。

陕州地坑窑改造也采用生土建筑（又称夯土建筑）的建造方式。生土原本就是大地的组成部分，以土壤为主要材料营造主体结构的建筑，既融于自然，又利于保护环境、维持生态平衡。

绿色共生

适性建筑强调可持续的人与环境生态的适度关系，无论是建筑材料的在地性，还是建筑与自然环境的互动、融合，都体现了建筑与环境共生的理念。

然而，《2023 中国建筑与城市基础设施碳排放研究报告》显示，2021 年全国房屋建筑全过程能耗总量占全国能源消耗的 36.3%，碳排放总量占全国碳排放总量的 38.2%。为应对全球气候变化的挑战，"绿色低碳"已成为各行各业可持续发展的共识。"绿色共生"的建筑设计理念源于对建筑本土性、共生性、生态性、文化性、时代性以及可持续发展的思考，要求在建设与环境共生的绿色建筑的同时，探索绿色建筑新美学。

建筑的绿色共生，其根本目标在于人、自然、建筑和谐关系的重塑，让建筑成为自然气候的"调节器"，通过绿色低碳建筑设计技巧，结合对地形、气候以及可再生能源的利用，达到尊重自然、保护自然、与自然长期共存、和谐发展的效果。

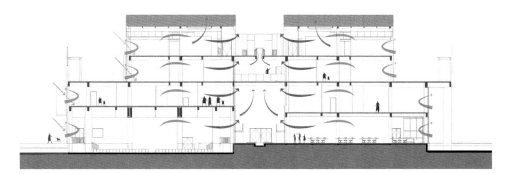

悉合创谷办公楼通风设计

建筑是因人的生理和行为需求，在室内外创造局部的气候可控场所。建筑作为自然气候的"调节器"，在其施工和运行阶段可能会产生必要的建筑用能，也可能不用能或少用能。对"能效"的追求首先应置于用能必要性的前提之下，不用能和少用能才是上策。

如悉合创谷办公楼项目，以"筑台建院、绿色共生"为设计理念，探索绿色节能、低碳建筑、科技艺术的共生融合。设计结合项目所在地域的文化与环境，通过围护结构节能、被动式设计、空调系统节能、智能控制系统、可再生能源利用等超低能耗建筑技术，实现建筑综合能耗节能率 77%、建筑本体节能率 33.5%、可再生能源利用率 42.6%，每年可以提供可再生能源 16万千瓦时，减少 CO_2 排放量 140 吨。在注重采用低碳设计技术的同时，兼顾建筑的艺术化表达，用中式院落、秩序空间以及灵动丰富的元素，演绎独特的院落气韵和内涵。

这样的设计理念同样体现在"山形会馆"的设计中。项目采用院落式布局，中间围合出公共活动绿地，结合建筑高度及院落尺度规划，积极回应了建筑光环境、风环境等问题。通过南低北高、院落式等布局形态，保证建筑内部的采光需求。

山形会馆

设置挑檐，优化建筑的遮阳效果，降低夏季冷负荷。同时，平远的屋檐也扩大了屋顶的表面，确保被光伏建筑一体化（BIPV）组件包覆的南立面可以获得最大量的太阳能，实现环保能源的自发自用。项目采用被动式建筑专用新风热回收空调一体机系统，全热交换效率可达 70%。通过提升围护结构的性能实现能源节约，减少碳排放。整体立面采用高性能门窗产品，在不影响用户景观视野体验的情况下，通过幕墙隔热膜来降低空调负荷。

氢能源展示中心

在位于山西的氢能源展示中心项目中，采用高性能外保温材料和节能门窗系统，减少建筑室内外热量交换，降低夏季供冷、冬季供暖负荷，从而降低建筑自身能耗。在立面设计上，兼顾自然采光与遮阳，利用建筑形体实现自遮阳，降低夏季冷负荷。

自适其性

适性是万物都在不断探索追求的一种动态的平衡，是一种和谐而又充满前进动力的状态，浓缩了人类对宇宙、自然深刻的人文理解和返璞归真的审美意识。

自然之美是本真之美，是设计中不可或缺的诚挚之美。让建筑物自然而然地契入环境中，而不是突兀地存在于环境之中，这是对建筑适于环境的基本要求。设计要灵活且适度地遵循自然的本性规律。

适性建筑不仅仅关注建筑的物质空间形态，更是从人性的本质诉求出发，综合研究建筑的建造与自然、社会、文化、经济、人之间关系的一种设计理念。也就是说，适性建筑从全面系统的角度探寻建筑与环境的协调发展，实现人和建筑与自然环境适度共融的共生状态。

II

适性实践

II-1 文化类

红二十五军鏖战独树镇纪念馆

历史时空里的基因序列

纪念馆位于河南省南阳市方城县，当地政府想在原独树镇红二十五军纪念园旁边建一座新的纪念馆，作为片区内红色教育基地的扩充。出于这样的诉求，设计团队前期对红二十五军的历史背景作了充分的调研，并将其提炼为设计的精神主线。

纪念馆作为红二十五军恢宏历史进程的一个载体，我们更该关注的是其"神"而非其"形"。

红二十五军从 1931 年 10 月正式成立到 1937 年 8 月改编编入八路军，走过了 6 年的光辉战斗历程，在这 6 年间经历了初建、坚守（大别山）、长征、转战（陕晋甘宁）4 个阶段，是中华人民共和国成立的见证者。他们所代表的不屈不挠、不畏惧、不放弃的抗战精神是中国人民解放军军魂的缩影。

这是一种传承的精神，如同生物学的基因代码，无视时空轮转，早已化入骨血，历久弥新。设计基于这种立意，怀着敬畏之心保留原纪念碑和场所精

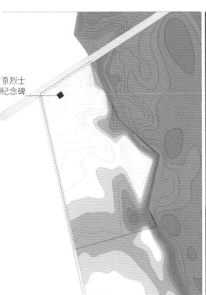

原红二十五军战斗纪念地

神，尊重场地原有地形、地貌，尊重原生植被，延续原有战争遗址区的地形，仅对其进行优化整合。在空间序列的营造上，充分考量新旧建筑的对话关系，新的场馆依形就势，与既有建筑取得尺度上的统一，形成连续界面。

纪念馆作为红二十五军抗战精神的载体，以抽象的、交织前行的双螺旋线条勾勒出建筑与场地的边界，使边界与空间紧密结合，既消隐了建筑与自然的界限，也隐喻其抗战精神的延续传承。

场地逻辑——消失的建筑

基地位于原有的烈士陵园东南部，进入园区的唯一路径是西侧的公路。场地内高差较为明显，以西北向纪念碑所在位置为最高点，往东南方向逐渐降低，场地内部有自然形成的丘陵及沟壑。场地周边有良好的自然景致，视野开阔，富于原生态的自然美感。

对于建筑设计，一个清晰的主题是空间序列的延续，即新建筑介入场地的方式及其与既有场域的有机融合。

原有场地的视觉焦点是矗立于西北角的高耸纪念碑，它以绝对的统治力掌控着整个场域内的空间情绪。在这种态势下，一种很自然的处理方式得以呈现，即新建筑以完整独立的形象与纪念碑形成轴线上的对应和空间上的对偶关系，让原本的点状空间逻辑转变为线性的叙事逻辑。

但在实际操作中我们发现，这样的方式还是太过于平铺直叙，这种近乎直白的对视关系对现有的空间秩序造成了较大的破坏，削弱了以纪念碑为精神导向的场地纪念性。

顺应自然环境的场所营造强调用建筑自身的逻辑与场地互动，尊重和利用地形地貌的自然状态，统筹建筑的整体布局，营造恰如其分的场所精神。

缘于这样的理念，从场地文化和历史延续性的角度出发，我们重新审视场地。待建场馆处于整个园区的洼地位置，从纪念碑的角度看过来，纪念馆刚好可以被藏于视线之下，于是一种新的思路被提出来——让建筑成为场地的一部分，完全融于整个园区的地景营造，以一种相对符号化的姿态介入场地。

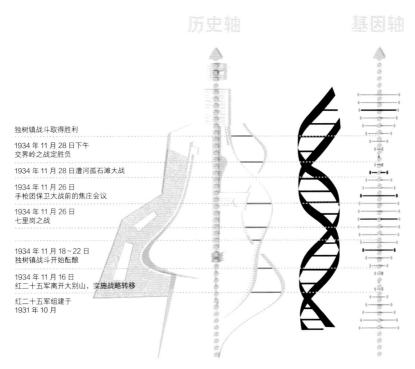

历史轴　　　　　　　　　　基因轴

独树镇战斗取得胜利

1934 年 11 月 28 日下午
交界岭之战定胜负

1934 年 11 月 28 日澧河孤石滩大战

1934 年 11 月 26 日
手枪团保卫大战前的焦庄会议

1934 年 11 月 26 日
七里岗之战

1934 年 11 月 18 ~ 22 日
独树镇战斗开始酝酿

1934 年 11 月 16 日
红二十五军离开大别山，实施战略转移

红二十五军组建于
1931 年 10 月

红二十五军精神——基因传承

从纪念碑望过来，建筑以匍匐的姿态延展于大地之上，呈现出一种消隐的状态。其内敛含蓄的姿态和周围环境相融合，原有的场地秩序得以最大化的保留，这恰与我们设计的初衷相契合。

在空间的营造上，我们也充分考虑地形因素。在场地高程的最低点（西南角）设置建筑的主入口及前广场空间。从主入口进入后，室内空间与参观动线形成了一个回环上升的流线关系，最终以东侧出口作为展览序列的收尾。这里正对将军碑林，由此处开始进入园区的体验流线。

形式的隐喻

在平面构成的逻辑上，建筑的形被简化为富有张力和冲突感的折线形，而体验区则以更加柔和的曲线与之对应。这缘于我们对呈现历史和缅怀历史两种情绪的差异化表达，一方面我们希望观者能够在此重温历史事件发生时先烈的感受；另一方面我们也希望观者能以一种相对平和的心态审视、思索历史的真义。

这种刻意为之的矛盾转译为建筑语言而产生的独特形式，我们认为是恰当的。建筑面向城市的界面被抽象为具有力量感的简单形体，以迎风飘扬的旗帜为其意向，隐喻红二十五军不屈不挠的战斗精神。

顺应地势，与自然共融共生

在纪念性建筑的表达上，设计往往会沉湎于建筑背后的历史，以期从中找到直击要害的设计脉络。而红二十五军鏖战独树镇纪念馆的设计则希望在此基础之上作更多的尝试，在编织历史记忆的同时，对场地进行重组也是设计最终得以呈现的不可或缺的因素。当然，这种重组是基于对原始场所精神和原始地形的尊重。所以，最终的设计是多方因素共同发挥作用的结果，也是对场地基因、时空脉络最好的回应。

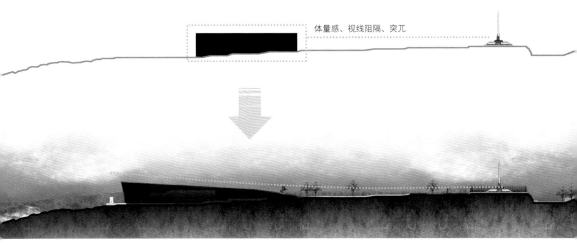

体量感、视线阻隔、突兀

建筑的尊重、保留、消隐

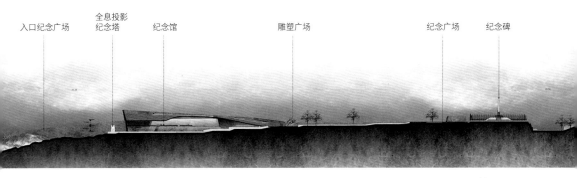

入口纪念广场　　全息投影纪念塔　　纪念馆　　　　雕塑广场　　　　纪念广场　纪念碑

剖面图

经济技术指标			
项目	数值	单位	备注
建设用地面积	135427	m²	
总建筑面积	6235.78	m²	
首层建筑面积	4150.26	m²	
建筑密度	3	%	
容积率	0.046		
绿地率	75	%	
机动车停车位	132	个	

总平面图

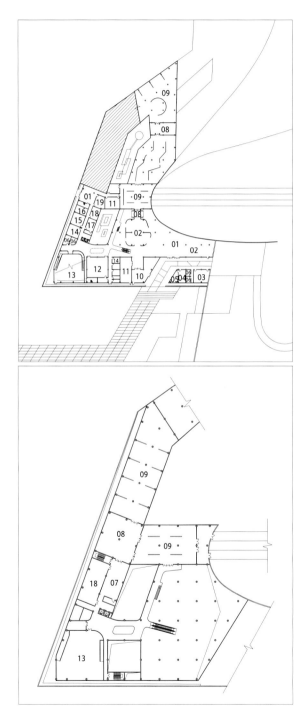

01 门厅

02 临时展厅

03 纪念品商店

04 管理室

05 售票厅

06 卫生间

07 茶座、休息区

08 过厅

09 场馆

10 商店

11 交流区

12 学术报告厅

13 特效影院

14 贵宾室

15 培训室

16 办公室

17 馆长室

18 资料室

19 储藏间

一、二层平面图（自上而下）

折线与曲线交错的建筑形态

纪念碑　　　　　　　　纪念碑记　　　　战斗遗址　　　红二十五军指战员留影　　　战斗

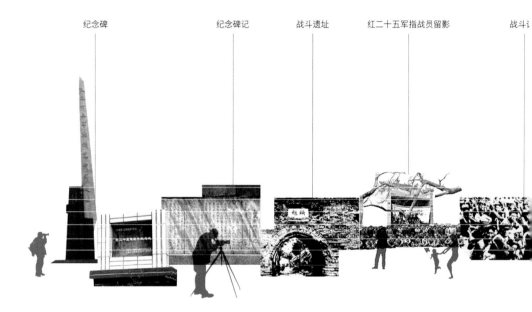

红二十五军历史编码展览墙

将红二十五军的历史照片和珍贵资料展示在景观展示墙上，追溯历史，致敬英烈，警钟长鸣。

名将领合影

跨越时空的回望——在空中俯瞰红二十五军鏖战独树镇纪念馆

红旗渠博物馆

红旗渠博物馆拟建于太行山南段东侧的河南省林州市境内，地处晋、冀、豫三省交界处的太行山麓林虑山风景名胜区，距国家历史文化名城、被称为"七朝古都"的河南省安阳市仅 50 多公里。

林虑山属于太行断块的东侧边缘，由于受到地壳构造运动的影响，区内以断裂切割的块状构造为特征。断层发育升降不均匀，峰峦叠嶂、沟壑纵横，总体地势为西北高，向东南逐渐倾斜下降。北、西、南部高山绵亘，东部山势平缓，断续分布。

基地所在地是任村镇与姚村镇交界处的红旗渠分水苑。红旗渠总干渠在此分成两条干渠，一干渠向南流向合涧镇，与英雄渠汇合；二干渠向东流向林州市横水镇。基地周边自然环境特点为多山、局部农田；植物多以灌木为主，乔木多是松柏；通往景区的城市干道横穿基地而过。

基地现有红旗渠纪念馆老馆位于基地北部，横跨于主干渠之上。老馆采用分散式布局方式，以串联方式连接各个展区。建筑的屋顶形式为传统坡屋顶，屋顶材料为灰色琉璃瓦，外墙材料为米黄色涂料，建筑整体感觉较为陈旧。

←　建设中的红旗渠：凌空除险
→　建设中的红旗渠：住在山崖

图片摄影：魏德忠

停车场位于南部，采用水泥铺地，地势平坦，与老馆相距百米之遥。

红旗渠精神作为时代的象征，作为"自力更生、艰苦创业、团结协作、无私奉献"的精神源头，得到了社会各界的肯定。传达这种精神最重要的载体就是人工天河——红旗渠，它犹如一条蓝色的飘带舞动于太行山间，装点着华夏大地。红旗渠博物馆建成之后，必然会成为一个新的窗口。通过这个窗口，无形的精神得以具象化，从隐遁变为显现，世人能够更好地了解、认识这种精神以及这个地区。因此，博物馆与红旗渠之间必然要有很好的融合、互动。

生长于环境

建筑诞生于特定的场所，反映外部环境所赋予的特质，建筑活动基本都是"从内到外"和"从外到内"的双向运作过程。在这个过程中要把握"适"与"度"，关注物性的自然生态尺度，探寻设计的合理性与逻辑性。

建筑规划以该地的原始自然环境为主导，尽量保留其独特的地形地貌；同

入口停车场　　红旗渠雕塑　　公园广场　　　分水闸　　　　一干渠、　　红旗渠纪念馆　纪念馆俯视
　　　　　　　　标识　　　　　　　　　　　　　　　　　　二干渠

基地周边环境示意

时，将博物馆依靠东山向自然景观开放，最大限度地降低建筑对自然山体的影响。建筑体量化整为散，部分空间被置入山体之中，整体形态与山地、河渠融为一体，充分体现适性地貌场所的理念，为参观者提供了展示和体验的空间。

整体规划结合红旗渠的环境特点、场所精神、人文情愫，以及法规、规范等各方面的要求，通过整合、提炼与协调，形成了以下几个系统。

生态系统：博物馆建筑成为一个与自然系统共生的"生命有机体"，公园则作为旅游文化资源；
历史系统：革新的同时与历史存在相联系，以便存续场所的历史价值和特性；
文化系统：作为文化的输出渠道，提出艺术、文化、教育、生态等相关话题；
体验系统：作为一个社团场所，具有促进人与人之间交流互动的功能；
场地系统：与山地环境、河渠走向、城市道路相结合，梳理参观流线与景观体验。

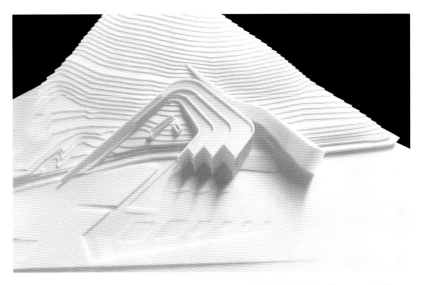

树枝状的建筑在山体和干渠上自然延展

提取自山渠

博物馆主体重新诠释了看似相互矛盾的概念（如：自然和人工、重和轻、阴影和光线），以一种谦逊的姿态将其嵌入山体之中，表达了对场地环境的尊重。

博物馆形体提取红旗渠与山体的一段自然曲线，通过形态的重叠，经过压缩、扭曲和重组，无形的形态渐趋有形化，隐匿变为显现。博物馆造型寓意红旗飘动的形态，重复的墙体动态表现出红旗飘逸折叠的状态，平面的弧线更是自然形态的完美表达。自由式的建筑布局取自然之形态，尊重地段的自然环境，巧妙地融合于其中。

横跨于渠上

建筑横跨于水渠之上，融于山体之中，局部埋入地下，在主入口台阶处使用高强度钢化玻璃，渠水从脚下穿流而过。山林中的鸟鸣声、风声与潺潺的流

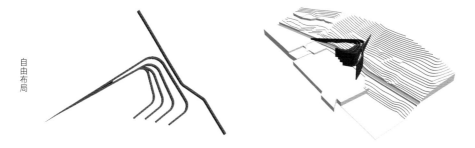

方形布局

分散布局

线形布局

方形、分散、线形布局在地段自然环境中融合性均较差，突兀于场所空间之中，造成视觉压迫感和空间失衡感。

自由布局

自由布局，取自然之形态，尊重地段自然环境，谦逊地融合于其中。

建筑形态与基地关系分析图

水声渗透进建筑之中，打破了自然与建筑的边界。通过对"一线天"自然空间形态的提取和转换，形成了类自然的建筑空间与类建筑的自然景观相交叠的独特感受，进一步加深了参观者对于自然景观和博物馆的体验感知，人在其中游览的过程将成为更具意义的发现和体验之旅。

基地周边为山水自然环境，新馆无论是色彩还是材料质感，都应该更多地考虑到它所处的周边环境。博物馆建筑整体色调以灰色为主，材料为清水混凝土，在视觉上雄浑沉稳。室内水渠上部为可上人的钢化玻璃，下面采用钢结构支撑。内墙面采用白色涂料，营造出纯净、空灵的空间体验。光影及灯光的变化能创造出生动的视觉形象，简洁的形体蕴涵了丰富的变化，建筑成为流动的乐章。

博物馆将建筑本体作为一种抽象景观，在自然中延展。建筑的5片墙呈树枝状铺陈于大地之上，与干渠共生于山体，削弱了建筑的体量感，让建筑成为自然的一部分。

建筑自身着重强调的三条曲线很好地呼应了红旗渠的自然曲线。水渠成为建筑空间的重要组成元素，通过这个元素，自然而然地将参观者的行为、体验、感受等与建筑自身相结合，并产生有趣的互动。同时，因为人的参与，建筑不再是冰冷的构筑物，而成为具有场所精神和人文情感的容器，从而起到阐扬红旗渠精神的作用。

景观系统以展现红旗渠精神为基调，充分结合周边的自然环境条件，保留原始乔木；同时，融合服务、休闲、娱乐等各项功能，形成融自然景源和人文景源于一体的景观展示区。景观规划从资源利用和游览组织的角度确定景区的布局形式，其整体布局划分为文化展览区、自然风光展示区和教育、休闲、娱乐区。新博物馆的设计将红旗渠老馆及环境合二为一，不仅向游客展现了这个地区的历史，而且诠释了红旗渠的历史发展进程和自力更生、艰苦创业的时代精神。

设计保留了原始入口广场环境和教育展品之间的紧密联系，使其成为参观流线上的空间节点，为参观者提供了方向指引，成为引导参观者前往老馆的路径。用迂回的路径塑造了一系列重叠的路线，创造出与生态自然环境和红旗渠精神主题相呼应的文化空间节点。

结语

红旗渠博物馆设计以展现红旗渠精神为基础，结合周边的环境条件，以及当地的历史文化背景，突出了"历史、融合、共生、互动"的主题；从而满足了红旗渠博物馆所需要传达的物质和精神特质，体现了顺物自然、适性为美的建筑哲学思想。

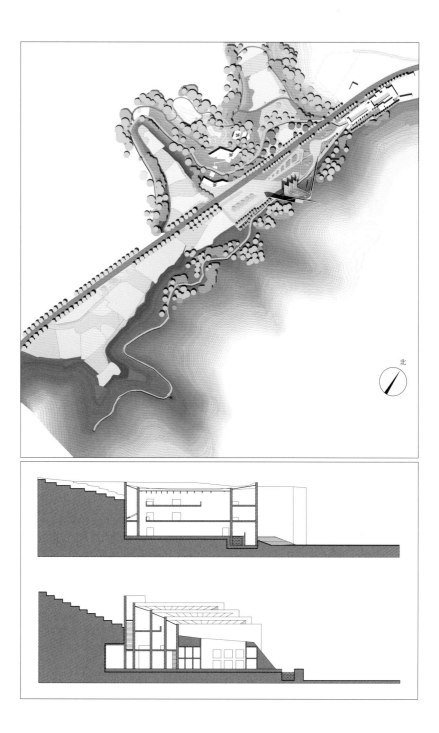

北

↑　规划总平面图　　↓　剖面图

保留原有乡土乔木

增植道路行道树

保留原有杨树林

保留原有护坡灌木

增植绿化隔离带

绿化配置规划图

01 入口门厅
02 序言厅
03 采光庭院
04 报告厅
05 一号展厅
06 二号展厅
07 三号展厅
08 售票厅
09 纪念品外卖
10 临时接待休息
11 办公入口门厅
12 办公
13 采光庭院
14 藏品库
15 四号展厅
16 五号展厅
17 六号展厅
18 临时休息处
19 办公
20 多功能厅
21 储藏间
22 室外踏步景观广场
23 七号展厅
24 二层展厅上空
25 观景平台

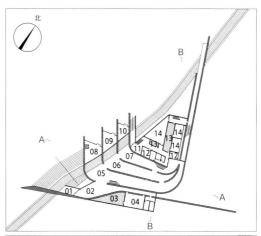

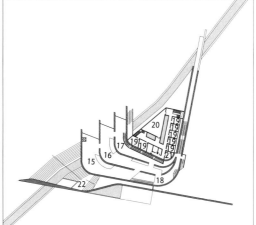

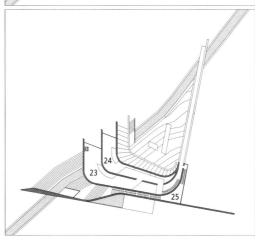

一、二、三层平面图（自上而下）

博物馆形体提取自红旗渠与山体的一段自然曲线，通过形态的重叠，经过压缩、扭曲和重组，无形的形态渐趋有形化，隐匿变为显现。建筑的形态更加明晰、延续、融合，恰如可以自然生长延伸的树枝。

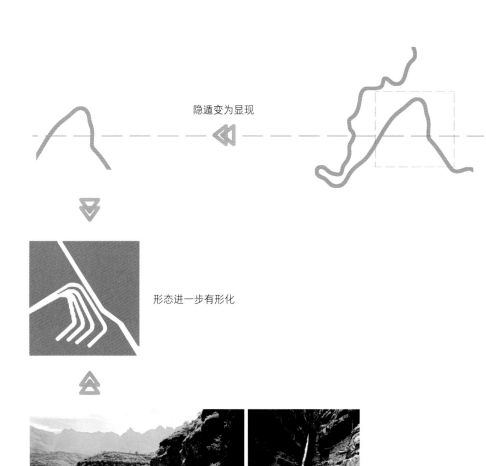

隐遁变为显现

形态进一步有形化

图片摄影（左图）：魏德忠

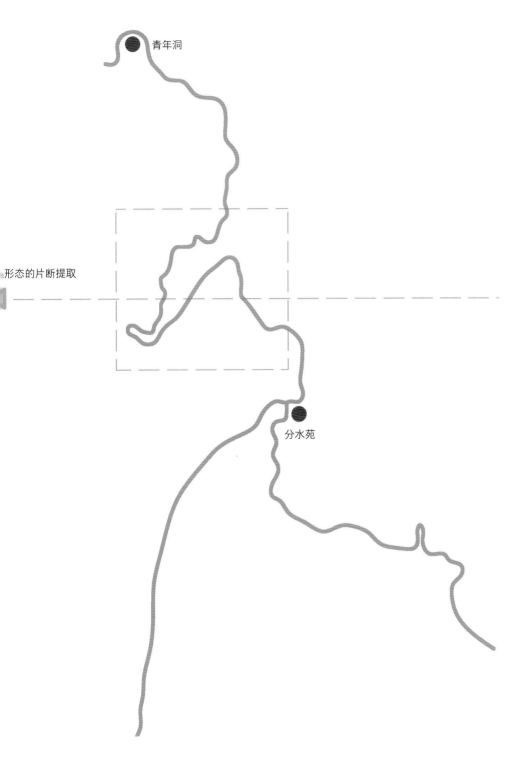

青年洞

形态的片断提取

分水苑

顺渠而构、与山地河渠融为一体的建筑形态

基地周边为山水自然环境，新的博物馆无论是色彩还是材料质感，都更多地考虑了周边环境。出入口设计源于"一线天"的自然空间形态，形成自然与建筑及其内部空间属性不同的体验。

通透的中庭使空间具有现代性和复合性，内部空间功能各得其所、自成体系

吉鸿昌纪念馆

他像一道闪电，划破昏暗的夜色；他像一声春雷，惊醒蛰伏的生命。
他不为金钱所诱惑，不为权力所驱使，是当之无愧的"大丈夫"。

在开封的历史上，吉鸿昌将军与开封有着割舍不断的联系，他曾在开封征战、避难、安家，开封人亲切地把他的居所称为"吉公馆"。现在，经过近百年的沧桑巨变，吉公馆已不复存在，开封市政府拟在吉公馆原址修建一座吉鸿昌纪念馆，来纪念这位伟大的民族英雄。

纪念馆位于河南省开封市中心城区的东北部，毗邻革命女杰刘青霞的故居（全国重点文物保护单位），与西侧刘少奇在开封陈列馆三点一线，共同打造属于开封的红色回忆，形成开封市的爱国主义教育基地。

项目所在区域内的民居以合院建筑为主，形成一院多户、合院群居的生活现状。基于此，设计的核心是从城市的角度审视街区的历史文化价值，批判演进、功能活化，将记忆的脉络传承下去。

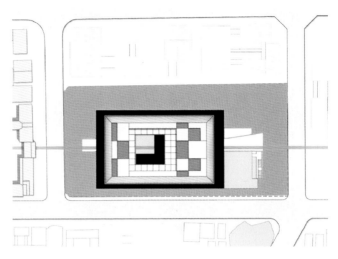

三点一线的爱国主义教育基地

生成于历史

吉鸿昌将军作为开封抗日英雄的代表，已成为一个时代的精神符号，承载着人们曾经遭受的苦难以及坚贞不屈、救亡图存的记忆。吉鸿昌纪念馆以空间的形式保存并传承着时代的记忆，提醒人们不要忘记为我们献出鲜血与生命的先烈，更激励我们秉持气节、继续前行。

如果说历史记忆是文化的根，那么失去记忆的城市就如同无根的浮萍。快速的城市化进程使城市记忆逐渐淡化、消失，也使得人们变成了城市文化、历史的旁观者。建筑以其特殊的空间内涵成为人们阅读城市的重要场所。

吉鸿昌纪念馆就是开封城市红色历史的见证者，是空间形式的记忆载体。其精妙的室内展览空间和多功能的室外展示空间，丰富了人们对历史的感知与体验方式。

生成于空间

吉鸿昌纪念馆是历史的留存与延展，是一种具有精神内涵、城市文化和城市历史的标志性符号，让观者能够融入历史，最终在空间与观者的互动中净化观者的内心、抚慰观者的情感。具体来说，空间布局从以下三个方面着手。

净——纯粹的空间

吉鸿昌纪念馆以较为完整的两个方形体量为原型上下叠合，中心设计通高的中庭——方厅瓦院，内部空间规整却又不失灵动。在纪念馆中展示刘青霞故居，让游客多方位感知历史变迁。设计从两个场馆在空间中的区位关系出发考虑建筑个体间的互动，打破建筑边界，将视线加以串联。最终形成了开放、流动的连续性空间。

离——空间的割裂

纪念馆将底部架空，通过改变地面与屋顶的固有功能，将视线由此引向刘青霞故居。在架空层顶部展示纪念馆的文化及历史，让置于此空间的游客感知"复活"的文化记忆。借由连续不断的纪念性顶面和体验性底面营造出模糊空间，伴随着巡游过程，使游客产生连续且模糊的内外空间体验。

融——视线与空间的过渡

吉鸿昌纪念馆的展示空间不知不觉就从室外开始了，视线与展示物，虚与实、内与外相互交叠、不断互动，使游客产生了模糊的空间感知。于是，建筑、环境与展示空间的区分也模糊了。内依旧是内，外依然是外，然而游客的心理感受却模糊了内外空间的界线，削弱了屋顶与地面的区隔。

从纯粹到分离、过渡，在此前提下，界面的表皮形式和处理技巧已经不再重要。加之在展览动线中融入时间的流逝感，使巡行于其中的人们成为历史的见证者和阅读者。

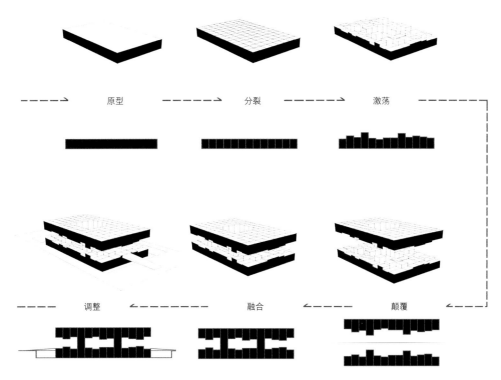

形体演变

原型　　　分裂　　　激荡

调整　　　融合　　　颠覆

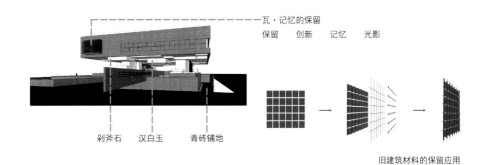

瓦·记忆的保留

保留　创新　记忆　光影

剁斧石　汉白玉　青砖铺地

旧建筑材料的保留应用

方厅瓦院

生成于情感

建筑承载了人们的记忆。一方面，地域文化为建筑赋予了特殊的材料语言，即传统的砖、泥、瓦等，这些材料仿佛更能承载一些古老、珍贵、不可磨灭的记忆；而另一方面，时代性又为建筑赋予了一种当下的材料语言，使建筑的记忆得以保留。

在老城区改造的过程中，许多荒颓的民宅被拆除，遗留下大量尚且完好的瓦片及其他建筑材料。我们将这些历经风霜的瓦片收集起来，用打破常规的方式重新组织，形成会呼吸的隔墙，用于打造纪念馆的立面。这种做法不仅使区域的记忆得以保留，而且其独特的肌理还带来奇妙的光影效果，使人们得以通过建筑对话古今、感受历史。

结语

吉鸿昌纪念馆作为红色历史的讲述者，泰然自若地注视着开封这座古老的城市，保存着那些极易消逝且不可复制的历史遗存。历史不能没有见证者，历史遗存不能变成一具没有灵魂的躯壳，纪念馆要成为空间记忆与情感记忆的载体，见证城市的兴衰变迁。

先烈足迹，历久弥新；民族大义，赤胆忠心。
方厅瓦院，内聚乾坤；吾辈担当，再振国魂。

纪念馆鸟瞰及展示空间

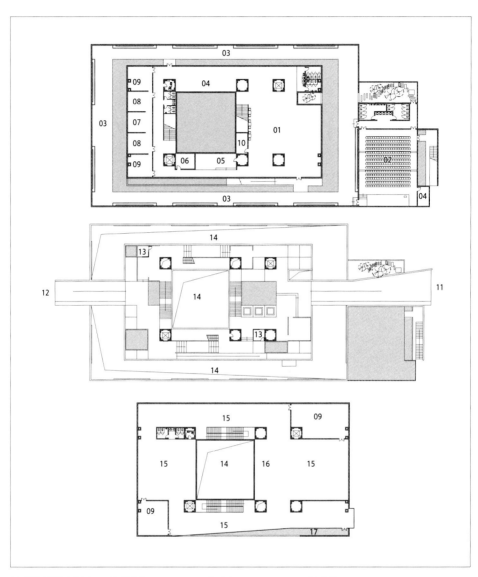

01 爱国主题教育展厅	06 接待室	11 主入口	16 序厅
02 爱国教育报告厅	07 会议室	12 次入口	17 室外平台
03 室外展廊	08 办公室	13 管理室	18 卫生间
04 休息室	09 仓库	14 上空	19 刘青霞故居
05 茶室	10 咨询室	15 展厅	

负一层、一层、二层平面图（自上而下）

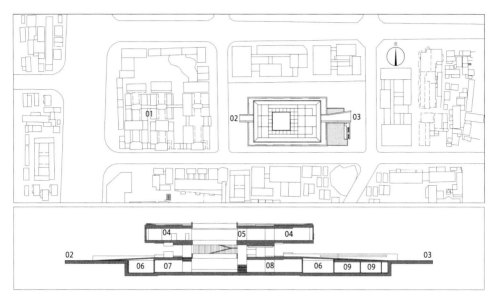

01 刘青霞故居　　04 展厅　　　07 会议室

02 次入口　　　　05 序厅　　　08 爱国主题教育展厅

03 主入口　　　　06 室外展廊　09 卫生间

总平面图、剖面图（自上而下）

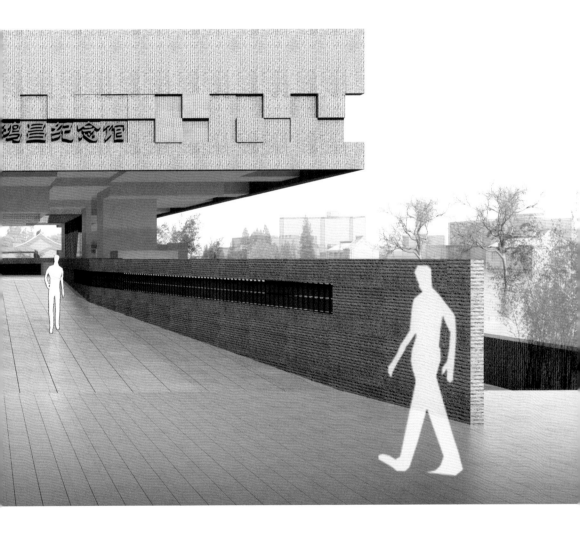

五台山旅游综合服务中心

与历史对话

作为中国四大佛教名山之首的五台山以其源远流长的佛教文化、精美绝伦的古建筑艺术和神奇秀丽的自然风光被列入世界文化遗产。遍山形形色色的佛教寺庙星罗棋布，见证着朝代更替、历史兴衰。 这里的一切都与佛教文化息息相关，是中国佛学史的缩影，这份浓厚的历史文化底蕴，决定了本项目的设计底色。

项目选址于山西省忻州市五台县金岗库乡，是五台山景区南入口的门户所在。当地政府希望在此建造新的旅游服务中心，与现有的游客中心形成功能上的互补。

设计团队在对项目深入调研的基础上，重新审视设计目标，将设计难点作为重点攻克的对象——在满足现代化功能需求的前提下，表达对文化在地性的思考。

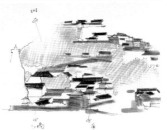

以山为形，取意、化形、入画

入画

设计概念的切入点源于五台山建筑群的形体意象，设计师希望通过一种抽象的表现形式，来传达建筑与历史文脉的关系。

在这样的操作模式下，建筑群体的规划设计借鉴了绘画的手法，所采用的构成元素变成绘画中的笔触，从而在新的语境下重构出符合现代功能需求的建筑组群。

空间与材料

有别于西方建筑所强调的几何透视，中国传统建筑的美感往往是动态的、变化的。梁思成先生对此有一个贴切的比喻："看西方建筑就像看油画，可以从一个固定的视角观察到建筑的全貌；而中国建筑则像一幅卷轴画，要一点点展开画面，在这个过程中我们才能体会到画中所要表达的空间感"。

在五台山旅游综合服务中心项目中，空间的营造也是很重要的表达部分。建筑被有意无意地设计成自由的形态，结合原始地形高差，整体建筑群形成错落有致的空间形态，与主体相关联的各种构形元素"顶""廊""台""墙"等，随着观者的动态，时而浮现、时而隐匿，共同勾勒出一副充满传统神韵的建筑胜景。

在材料的甄选上，五台山建筑群特有的红墙给出了标准的材料样板。为了营造出更有代入感的空间体验，建筑主体的材料以红色陶板为主。

立面肌理的灵感来自于忻州当地山体岩石的自然纹理，从中提取横向片状的构形逻辑。以陶板和玻璃两种材质交织出现，来满足功能空间需求，并以一种相对合理的随机状态模拟自然秩序，呈现自然之美。

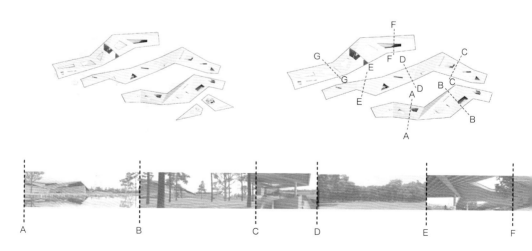

空间随着屋脊的变换时而陡现、时而隐匿

结语

在文化建筑的创作过程中，如何回应历史文脉，是设计最基础的，亦是最核心的问题。无论以何种方式切入，最终都需要达到一种文化的自洽。本项目从五台山地域及建筑风格等层面对文化进行解读，找到了一种适合当地的设计语言，这也是建筑适性表达的一种方式。

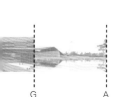

G　　　　A

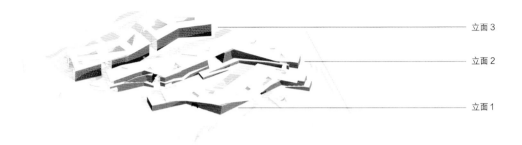

立面 3
立面 2
立面 1

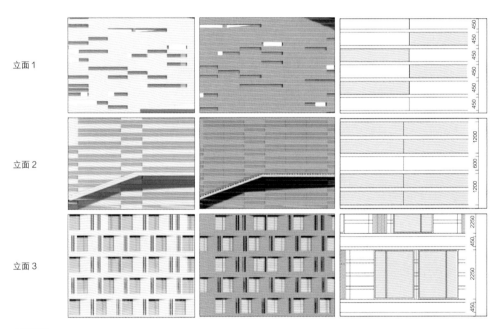

立面 1

立面 2

立面 3

立面系统

在立面系统的设计中，肌理尺度的大小需要考虑两方面因素：其一，由南至北，墙面的肌理尺度逐渐加大，消解了视距远近所导致的尺度变化；其二，从功能角度出发，公寓和办公空间对采光的需求更高，开窗尺度更大。

立面灵感来源及肌理生成示意

总平面图

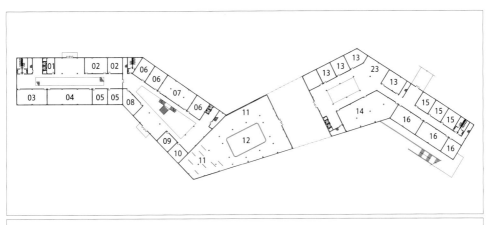

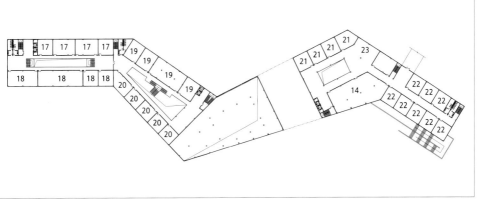

01 值班室	07 公共资源交易中心	13 贵宾接待	19 业务用房
02 监控室	08 热线服务	14 特色产品展厅	20 行政用房
03 应急防控中心	09 警务室	15 档案室	21 贵宾休息
04 指挥调度室	10 应急中心	16 资料陈列室	22 办公
05 数据分析	11 展览	17 会议室	23 休息厅
06 行政审批	12 展览馆规划沙盘展示区	18 管理用房	

接待中心一层、二层平面图（自上而下）

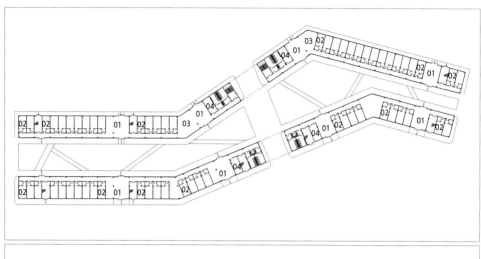

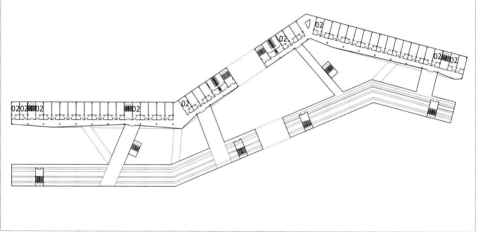

01 大厅　　02 公寓　　03 会客区　　04 管理区

公寓一层、六层平面图（自上而下）

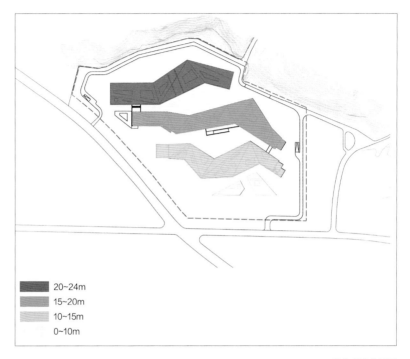

20~24m
15~20m
10~15m
0~10m

建筑高度分析图

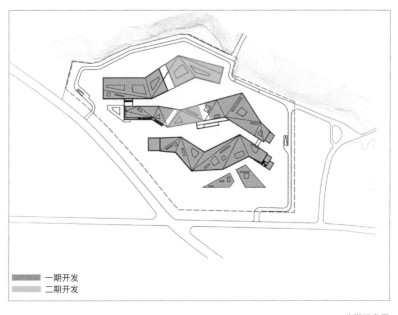

一期开发
二期开发

分期开发图

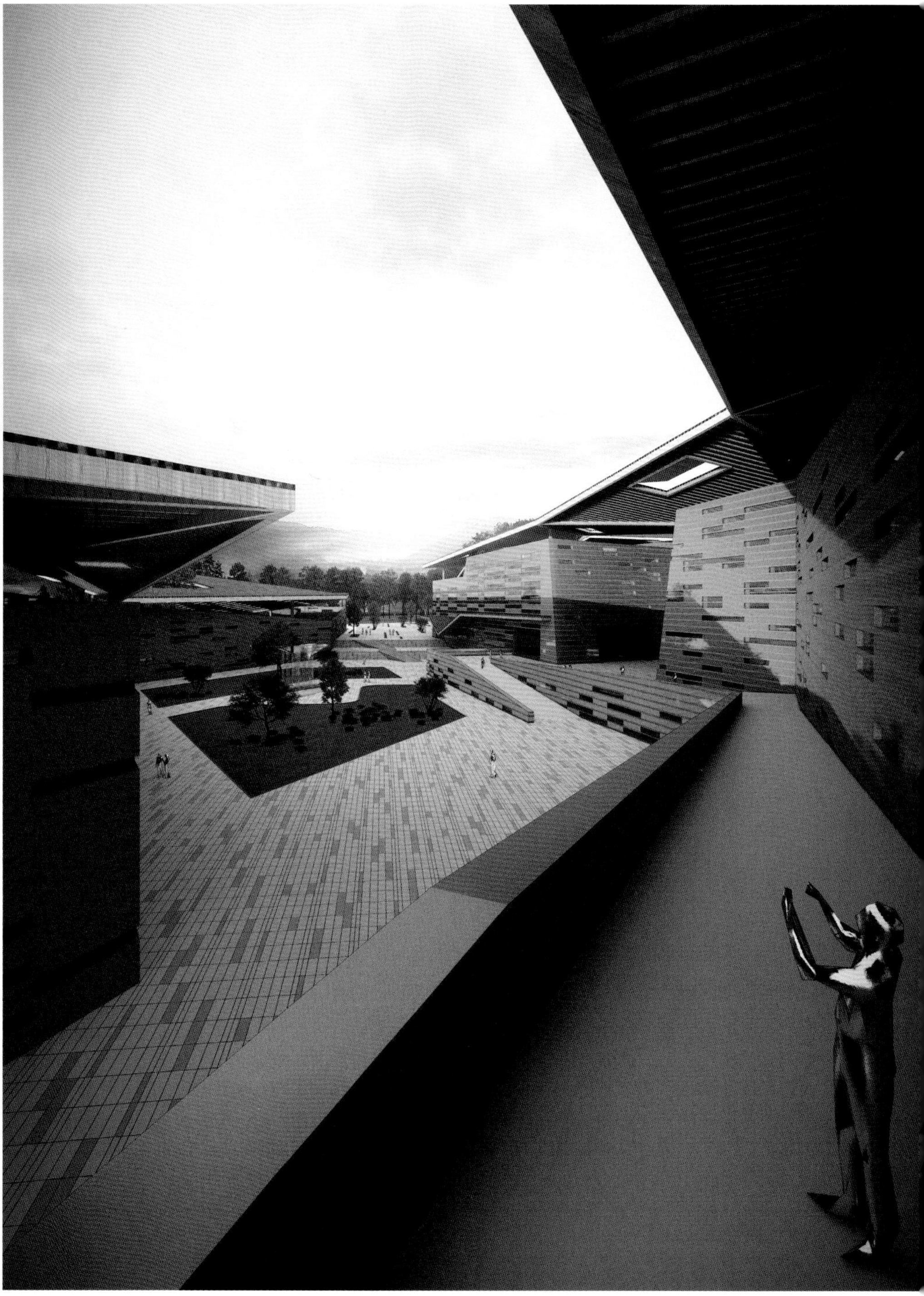

红旗渠历史展览馆：
适于自然和未来主义

延展：顺应山脉的适性形态

展览馆建筑以自然生长的姿态嵌入山体之中，以展现对原始自然环境和场地的尊重。建筑本身作为一处独特的景观，在广袤的山脉中自然延展，经过压缩、扭曲和重组，与周边自然环境共同呈现出和谐共生的美学风貌。

设计摒弃了传统展览馆封闭的内部空间布局，创新地采用多维度的开放设计。展览馆的建筑肌理舒展而富有动感。流线形的空间布局使建筑与自然环境相互交织，为参观者创造出一种繁复却有序的空间体验。

在展览馆与道路之间地带，设计通过模拟水流的肌理，营造出丰富多样的景观空间，与展览馆的主体形态相呼应，共同诉说着红旗渠的传奇故事。

雕刻：面向未来的精神丰碑

建筑形体采用大胆且富有张力的造型，彰显了解构主义风格的独特魅力。同

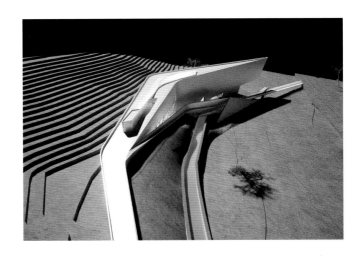

时，主体设计保持了简约感，赋予建筑一种现代且精致的气质。舒展的造型
如同流动的画卷，使建筑仿佛拥有了生命。

端部的大跨度悬挑设计，不仅为建筑增添了雕塑般的美感，更赋予其强烈的
未来感。这一设计仿佛将建筑带入了未来世界，以其独特的形态吸引人们的
目光。充满力量感的形体和周围环境、与前来参观的游客产生了深厚的情感
联结，让人感受到建筑所蕴含的无限可能性和未来的希望。

展览馆的整体形态犹如一把破山而出的利刃，俯临着大地。这种强烈的视觉
冲击力和艺术美感不仅体现了工程的坚固性与永恒性，更如同红旗渠的故
事，给人以震撼和力量。

回忆：历史伟绩的近距离呈现

红旗渠，这条如蓝色飘带般蜿蜒横亘在地球上的伟大工程，不仅是林州人民
辛勤劳动的结晶，更是红旗渠精神的生动体现。展览馆作为展示这一精神的

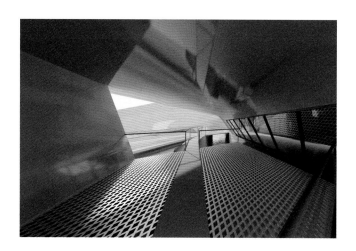

新窗口，与红旗渠本身紧密相连，共同构建了一个完整的叙事体系。

为了强化这种融合与互动，展览馆的设计特别注重与红旗渠的关联。建筑入口以倾斜的角度悬浮于红旗渠之上，游客透过金属网格架，可以一览无余地欣赏到渠水潺潺的景色。这不仅能让游客近距离感受红旗渠的魅力，更在视觉上形成了一种强烈的对比和呼应，使得展览馆与红旗渠在形态上相互映衬，共同诉说着林州人民不畏艰险、坚韧不拔的奋斗历程。

整个设计以展现红旗渠精神为核心，紧密结合周边环境及当地的历史文化背景，凸显"历史、融合、共生、互动"的主题。展览馆犹如一座巍峨、无言的丰碑，铭记着那段砥砺奋进的时代精神和林州人民的坚韧与决心。它穿越太行山脉，穿越红旗渠，俯瞰着被渠水滋养的广袤大地，如同一面永恒的旗帜，激励着我们不断前行。

中原五岳书画院

中原五岳书画院位于河南省郑州市西北邙山南麓,从基地向北可遥望黄河,周边景色优美,呈原始自然之态。方案源于基地独特的场域条件,整体呈现出本项目特有的设计基因——根植大地,与自然共生。

场所精神

项目基地南面与城市道路之间由南水北调工程防护绿带隔离,现状绿化配置完善,未来也将成为场地外部景观的组成部分。场地内部为林地,被茂密的植被所覆盖,地形南高北低,南北之间有近十二米的高差。独特的场地条件是设计之初引导方案概念切入的重要因素。

设计充分考量建筑与场地的关系,以现状地形为依托,整体建筑群以美术馆为中心,有机地散布于场地之内。结合原始地形高差,将美术馆主体掩藏于地表之下,形成匍匐之态,消解大尺度建筑形体带来的压迫感。建筑与自然环境相融合,共同营造出一种曲径通幽的空间体验。

美术馆入口及室内空间

空间序列

在空间营造上，以矮墙和台阶为参观者指引前进的路线，也由此形成了参观者从自然地形环境进入建筑内部的过渡空间。通过顺应地形高差的方式来延续自然景观，灵活处理建筑与场地的关系，避免建筑的突兀感，形成空间视觉延续性的同时，又有明确的界面感与场所归属感。将蜿蜒匍匐的建筑形态植入大地，使其取得与地貌相融、共生的效果。

前广场及接待大厅、美术馆、艺术家工作室等以不同的体量被分设于不同标高的场地之上，形成由外而内、主次有别的空间序列。美术馆成为建筑群的核心，结合场地流线组织，自北侧与入口广场相接，形成建筑主入口。东西两端连接艺术家工作室，结合较高的地面高程，形成下沉空间并设置出入口。各功能体部遵循统一的规划策略和设计语言，并充分结合原始地形。建筑在这里成为地景表达的一部分，与周边自然景观相互掩映。

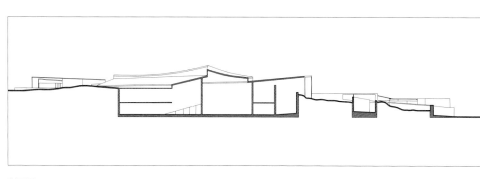

剖面图

材料语言

建筑外立面主体采用夯土墙，传统材料的运用一方面彰显出建筑的地域特质，另一方面也隐喻建筑生长于大地的设计逻辑，充分尊重原始场地和环境。在建造工艺上，采用北方民居常见的土窑筑墙方式，以现代手法重现传统工艺，让建筑呈现出原生的、质朴的美感。显露于地面的屋顶采用金属铝板材质，金属拉丝质感与粗粝的夯土墙形成强烈对比，传统与现代共融。

01 门厅
02 展厅
03 接待室
04 会议室
05 办公区
06 卫生间
07 设备间
08 室外展区
09 值班室
10 商店
11 库房
12 学术报告厅

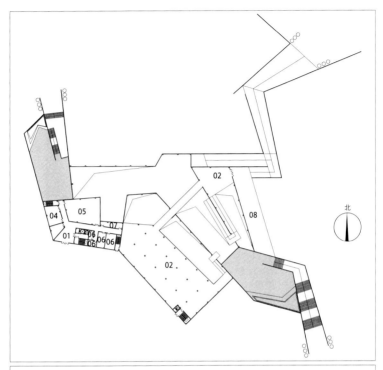

北

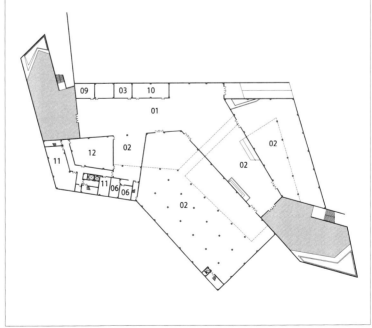

美术馆一层、负一层平面图（自上而下）

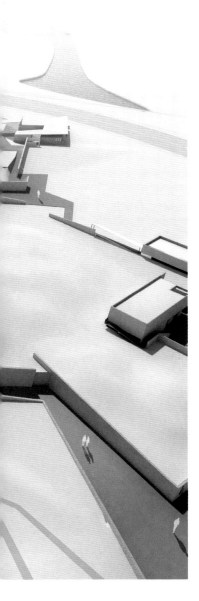

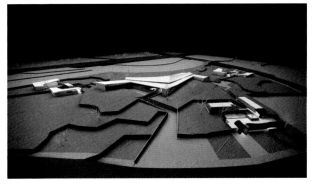

II-2 更新改造类

豫西 · 陕州地坑窑的更新再生：
窑宿社区中心

文化没有差距，只有地域之别；
正因为地域差异，才有个性，
中国设计应彰显东方生活美学。

2011 年，地坑窑院营造技艺被列入国家级非物质文化遗产保护名录，被誉为"地平线下古村落，民居史上活化石"。

地坑窑是我国特有的四大古民居建筑之一，主要分布在黄土高原东北部，包括渭北、豫西、晋中南等地区，尤以豫西陕州的地坑窑最具代表性。据资料考证，四千多年前的轩辕黄帝时期，陕塬（位于今天的河南省三门峡市陕州区）的先民们已经掘地为穴而居。

本项目位于河南省三门峡市陕州区岔里村，一个有着千年历史的古村落。

"进村不见人，见树不见村"是对地坑窑的真实写照。因为窑洞是在地层中挖掘，只有内部空间而无外部体量，所以它能够开发地下空间资源、提高土地利用率，具有保温、隔热、蓄能、调节洞室小气候的功能，是天然的节能

随着人们生活条件的改善，传统的地坑窑日渐稀少

建筑。地坑窑作为穴居方式的遗存，有着较高的历史学、建筑学、地质学和社会学价值。

随着现代人工作与生活方式的转变，以及城市化进程的加速，黄土塬上的很多人搬出了祖祖辈辈居住的地坑窑，在地面上盖起了新楼房，一些老地坑窑成为老人留守的地方。地坑窑面临年久失修、无人居住的境况，通风不良、塌顶、渗水等缺点，使地坑窑这一生态化居住环境难以适应现代生活的需要。

功能的保留与挖掘

"融"：追求自然平和的建筑观，适应地域气候和地理条件，利用自然地形，下沉式营造；采用融入自然、与大地一体的非常规构造方式，追求自然本真的功能环境和生活品质。独特的建筑艺术形象赋予地坑窑最大的价值和魅力，是基于适性建筑理论进行改造实践的最佳案例。

"容"：挖掘地坑窑民居的历史人文传统，保留生土建筑特定的自然属性；

通过适性建筑策略营造和谐共生、有机统一的社会生活新秩序，激发建筑的更新与再生，注入新的功能属性、空间形态、人文特色，打造富有地方特色的民宿艺术馆。

在设计之初，改造场地中是三个状态原始、保留完好、呈"品"字形布局的地坑窑。每个地坑窑大小均等、独立存在。设计拟对窑洞进行改造，修缮重塑窑洞现有空间，加固窑脸与窑洞，唤醒人们对地坑窑的认同感。窑口以轻设计手法，充分结合地形，巧妙地利用地形高差。整体采用下挖开洞的方式，在院落之间增加新的过渡庭院，植入新的功能空间，使之成为公共交往的场所，加强人与人之间的联系。入口处只在局部增加景观微设计，结合场地形成空间过渡，减少对周围环境的影响，以凸显质朴的建筑特性。在尊重原有地形地貌的基础上，局部打开，使地坑窑院之间相互连通，同时又保持相对的独立性，营造出对其空间原型的认同感和归属感。

窑洞的魅力在于夯土墙被岁月雕琢的风化感。本着对地域人文的尊重，本设计最大限度地保留了场所内的窑洞。内壁采用轻设计的方式进行饰面处理，保留了洞壁本身的质感；在贴近当地风格的同时，满足人使用过程中的便利性和舒适性，营造"与大地相拥，与泥土相亲"的人文生态体验。

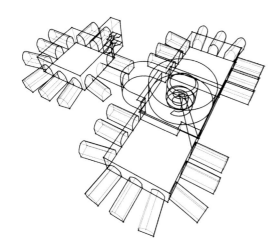

空间示意图

项目俯视图

潜在空间的重构

深潜土塬，凿土挖洞，取之自然，融于自然。场地的多重身份与记忆是设计的先决条件。在庭院的空间组合方式上借鉴了传统民居的合院形式，结合基地进行关联性开挖；同时，通过廊道和共享空间将三个地坑窑相互连通。由地面下至院落，再经院落进入窑洞，形成收放有序的空间序列。

处于地面时，人的视野十分开阔；步入坡道的过程，人的视野受到限制；再进入院落，又顿时感觉豁然开朗。整个空间充满了明暗、虚实、节奏的对比变化。

每个院落的改造采用了不同的形式，使之既存在联系，又能营造出不同的空间感受。空间相互连通，无数个行进路线排列组合，动与静、过去与未来、局部与整体相结合，为人在其中的巡游体验增添了无限的野趣。

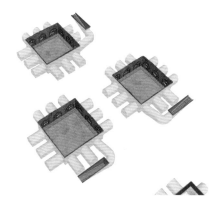

生土的现代融合

传统夯土墙具有冬暖夏凉、节地节能、经久耐用、循环再生的特点，但可塑性及结构的安全性较差。经过对材料、工艺的仔细考量，拟采用混凝土结构做墙的基础，表层混合当地的红黏土和黄沙，再结合钢结构固定打磨，最终呈现出厚重朴实的黄土墙。

旧的夯土墙对外无法承受暴雨侵袭，对内又不利于居住。在拦马墙（即女儿墙）的位置采用清水混凝土代替夯土，可起到加固顶部、保护墙体的作用。窑口用混凝土和玻璃相结合的方式，在加固墙体的同时，又改善了窑洞的采光。

场地的尽端是一面破旧斑驳的老墙，通过清水混凝土窑洞的引入，在最终结尾处对传统进行回应和对景，表达出对古老文明和沧桑岁月的敬畏。

物理环境的提升

传统的地坑窑存在着采光不佳、通风不良等弊端，影响着人们居住的舒适性。对此，设计增加门窗洞口的采光面积，采用透光性较强的材料；室内采

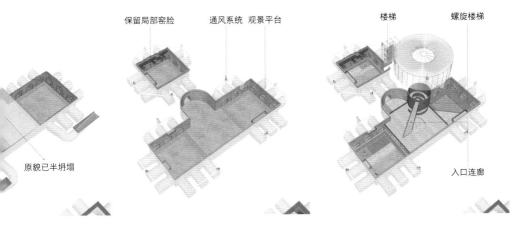

保留局部窑脸　　通风系统　观景平台　　　　　　楼梯　　螺旋楼梯

原貌已半坍塌

入口连廊

"品"字形布局的原始地坑窑及其改造策略

用白色涂料，提高光的反射率，从而改善了窑洞室内整体的采光状况。

同时，利用地坑窑的结构特性，改善通风状况。地坑窑有很厚的夯土层，使其内部冬暖夏凉。由于室内外的温差产生热压差，充分利用这一烟囱效应，在窑后位置合理设置通风口，形成竖向空气对流，加强室内外空气交换。同时，还可以改善室内潮湿的状况，避免结露现象。

结语

黄土、窑洞、砖墙、质朴的石磨、瓦缸……它们构成了我们对于黄土地区民居的既往印象，成为当代人对于过去最深的情感记忆。项目从自然生态角度融入自然，形成人文与自然结合的美丽景致。从社会生活角度延续本土文化、人文关怀，塑造内外和谐的地域建筑风格，再现美和秩序。

作为豫西居住文化的符号，地坑窑这种窑洞式民居蕴藏着深厚的文化积淀和丰富的文化内涵。项目整体通过改造与保留，辅以现代手法，相互融会贯通，重构豫西地坑窑的乡土建筑形象及文化特质。对传统地坑窑建造技艺提出新的思考与表达，探索精细化设计、低成本手工建造与恰当的运营管理模式综合考量下的乡村建造实践的可能性。

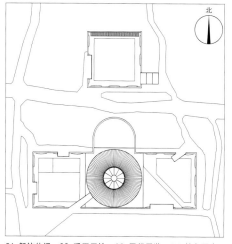
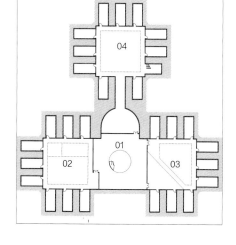

01 餐饮休闲　02 手工工坊　03 民俗展览　04 特色民宿

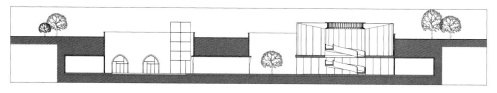

←　总平面图　　→　负二层平面图　　↓　剖面图

昆仑望岳艺术馆

顺承工业文脉，浓缩城市记忆

新中国成立后，随着我国城市化进程的推进，郑州依托其重要的地理位置和便捷的交通优势，迅速成为我国中西部地区重要的工业城市。郑州西部老工业基地是国家"一五""二五"期间重点建设的大型骨干国有企业的聚集地，郑州电缆厂便是其中之一。郑州电缆厂成立于 1959 年，作为国家三大电缆厂之一，它曾是近万名"电缆人"的骄傲。郑州电缆厂经历了新中国成立初期的工农大生产的辉煌发展，也经历了变革时期的冲击和衰落。曾经辉煌的工业历史使这座老厂区成为郑州老一辈西郊人难以忘怀的记忆。它既是一个时代精神气质的表征，也是郑州这座城市精神血脉的延续。

郑州电缆厂总占地面积 21.3 万平方米。本次改造区域位于电缆厂厂区西侧，由电缆厂遗留的维修车间、临时档案馆和职工澡堂三个独立功能区组成，总建筑面积 3200.73 平方米，坐落于近五千平方米的公园之中。通过对场地、建筑和内部空间的改造，使沉寂了几十年的老厂房重新焕发生机，以新时代的风貌延续属于郑州的城市记忆。

情感化的建筑遗存，窥探历史的窗口

如果把老厂房人物化，改造后的艺术馆仿若一位老者，他目睹了整个郑州西区工业时代的更迭与沉浮，但在此刻，他也同样面临着生命的抉择。

也许是上天注定，厂房距规划道路红线仅有 0.9 米的距离，这正是他的"生命"得以延续的重要缘起。同时他又遇到了极具社会责任感和使命感的开发商和设计方，才使他得以重获新生。现在，他更像一位精神矍铄的老人，虽然没有青春的外表，却以一种朴素沉稳的姿态展示着他的文化底蕴。作为当代人窥探这一历史时期的重要窗口，那些几十年前看似平凡的机械设备、工业制造机具、烟囱等工业遗存，仿佛都在诉说着往日不平凡的故事。

我们凝望历史，与时空对话，以一颗敬畏之心聆听他的讲述。那是一部几十年前气势恢宏的工业发展史以及老一辈先进工作者选择扎根基层、奋斗终生的坚定信念。这些历史记忆和工业文化也正在影响、渗透并改变着当代人的审美和生活。

凸变、缝合、叠加

"轻轻地触碰"唤醒厂房沉睡的活力，是本项目改造的主导原则。通过"凸变、缝合、叠加"的改造手法，将废弃厂房遗留的三个独立功能区整合为一体，最大限度地保留建筑原貌。在北侧主入口部分，采用"缝合"的手法，将 13.2 米高的梦幻玻璃体镶嵌于原有建筑的夹缝中，唤醒沉睡的空间。同时，为了增强其标识性，内衬红色魔幻体，营造出缥缈浪漫的意境，仿佛能够在此对话过去、洞见未来。

在建筑西侧，为了提升建筑立面的趣味性，激活体验界面，引入"凸变"的概念。同时，结合次入口形成富有韵律感的当代符号，形成连续的整体性界面。这一做法正是运用了建筑形态学原理。创造形态就是在没有特征的背景中标示出一个有特征的形式，形成它与原有形态之间的差异。在立面形象上形成一个连续统一的有机整体。建筑东侧是废弃厂房的档案馆，为中国传统建筑形式——木构架、硬山顶，这种奇妙的建筑组合极其少见。作为整个建筑体验的高潮部分，为了将其特有的硬山顶建筑立面形式完整呈现，没有采用多余的手法，只是静静地展现原有建筑真实的形制和质朴的材质。

基因的传承，艺术的锋芒，再生的未来

郑州电缆厂遗留下大量的工业遗迹，成为那个时代的工业基因。这些珍贵的工业文化资源具有很高的文化价值，也反应了郑州工业化发展的历程，是郑州工业化时代辉煌历史的见证。这些文化遗产更具潜在的再开发价值，可以成为郑州工业化时代的纪念性场所和能够满足现代化功能需求的公共文化空间。对这些脉络的梳理和运用，可以丰富现代人的思想和视野。

昆仑望岳艺术馆自开馆以来，已成功举办了百余场展览活动，涵盖文化交流会、设计作品展、摄影作品展、书画展，以及户外音乐会等，内容丰富、形式多样，契合当下人们的精神文化需求。高品质的艺术文化活动、深厚的历史内涵、极具时代特色的建筑风格，让昆仑望岳艺术馆成为这片老厂区中的新晋"网红打卡地"。

昆仑望岳艺术馆的改造设计将历史文化保护和老工业厂房改造相结合，注重文化的延续和改造的价值，充分挖掘其工业文化内涵，并与新时代人们的审美相结合，与时俱进，为当地居民和游客打造出独特的文化体验场所。昆仑望岳艺术馆正在成为郑州西郊工业文化重要的展览和宣传载体，为郑州市旧城改造项目的理论与实践探索发挥重要的示范作用，为积极落实国家的"双碳"目标贡献一份力量。

郑煤机老厂区改造

城市更新应让城市更有活力，不断提高城市宜居水平。

芝麻街 1958 双创园位于郑州市中原区，是郑煤机西厂区改造项目，该厂区在 2015 年之前是郑州煤矿机械集团股份有限公司（简称郑煤机集团）的生产基地。郑煤机集团的前身是煤炭工业部下属的郑州煤矿机械厂，始建于 1958 年，曾是郑州市"二五"期间的代表企业，也是该市现存工业遗产的代表。

本次首期改造的机加工分厂车间始建于 1959 年，1960 年投产，建筑采用混凝土排架结构形式。2016 年产业结构调整后，生产部分搬迁至新厂区。自 2017 年起，原有厂房建筑开始闲置，郑煤机集团决定改造，赋予其新的生命和活力。

这座曾经辉煌的机加工车间矗立于原址已有 60 年了，老旧的红砖墙面、厂房内斑驳的吊车、残留的废弃材料和荒草丛生的厂区环境……处处都试图唤醒人们逐渐远去的记忆。园区内的建筑有 20 世纪 60～90 年代和 2000 年之后不同年代风貌特色的建筑。不同年代的建筑代表着不同时代的记忆，将这些记忆进行串联和延续也是改造设计中我们的主要关注点。

产业的植入和活力的激活

改造是手段，目的是激活片区活力。在设计之初，我们对厂区作了以"科创为主，文创为辅"的产业定位，旨在打造郑州市老城区集科创产业、商务办公、商业消费和文化体验于一体的特色活力街区。通过引入和再生新的产业，将郑煤机厂区由原本的第二产业转化为第三产业，盘活老厂房的存量资源，做足新产业的增量创新，促进产业的可持续发展。由此带来不容小觑的经济价值，释放城市中心区潜在的生命力。

我们希望借由产业的导入带来两种效应：一是保留和强化原有场所的工业氛围，保留 1960～2000 年的人文记忆；二是通过植入新的产业业态，为旧城区注入新活力，创造新的生活理念和生活方式，吸引更多的城市人，特别是年轻人的关注和回归。

对现有脉络的保留

项目规划充分追求厂区和新业态需求的结合点，将园区按照不同的功能定位进行分区，尊重厂区的原始文脉、道路肌理、厂房建筑和植被。

改造初始，面对厂区新的业态和人流动线，明确不对现有路网进行大规模调整，尊重原有厂区的内部路网，保留场地记忆。同时，尽最大可能保留原有植被，在合理利用现有景观和城市资源的同时，提升环境品质。

设计工作侧重于对新业态的植入以及对现有空间的功能置换。改造设计在原有厂房大空间的基础上，重置、引入新的功能空间。在此基础上，对原有结构进行加固，对废旧材料进行再利用。

从空间的封闭到功能的开放

城市的文化历史积淀留存于建筑，体现于生活。只有通过对建筑空间的有效利用和重置才能使园区增添新的魅力。我们对原有的厂区空间进行了大规模的梳理和改造。厂房内的高大空间、吊车和大尺度结构告诉我们这个建筑将经历一场巨变。改造的过程是对老建筑的活力激发过程，也是对于老建筑空间与新的功能需求适度互配的创作过程。

原本的建筑空间为十几米高的开敞空间，这引导我们以一种开放的思维布置内部空间，满足新的功能需求。由于改造后的使用功能主要是设计和研发办公，改造前充分考虑到大体量厂房与办公空间采光、通风、消防需求之间的矛盾，通过引入多个采光中庭营造出怡人的室内环境。

夹层方案不能影响主体结构；同时，还要满足设置夹层后，其室内空间的使用不受外立面原有墙体的影响，保证夹层空间的通视效果，营造水平无阻、上下通透的开放视野。为消除夹层带来的空间封闭感，每个办公单元之间利用现有空间设置通高空间，将夹层和挑高空间相结合，有机地联系了各层，增强了空间的通透感。

塑造具有人文记忆的建筑

改造设计尊重城市的记忆，最大限度地保留了老建筑的结构和外立面墙砖，只将窗户和破损的屋顶局部修复改造，营造符合新建筑类型的肌理和形态。将原本被遮挡的红砖和部分原有结构最大限度地显露出来。同时，将原有建筑自身的压顶、线脚、窗洞予以保留，尊重原有的立面肌理。

立面设计增加少量构件，以激发立面活力，形成具有传统工业风格和当代创意的建筑造型。对外墙的红砖进行保留，让置身于园区的人们感受到浓厚的工业记忆和人文氛围。

2018 年至今，郑煤机老厂区在保留历史工业遗存的基础上，已被打造成为集创新产业和游览观光于一体的双创平台。老厂房经过改造，成为别具一格的办公楼，厚重的红砖墙、流线形的屋檐，充满了年代感和设计感。

整个改造通过对过去的挖掘和对未来的联结，重塑了厂区的历史价值，留存了城市的工业记忆，打造出郑州市新的文化时尚中心，提升了区域活力，真正实现了通过改造重生的过程。

社区文化交流中心

项目位于山西省运城市老城片区，场地由不同年代的老旧建筑杂乱堆叠而成，由此产生了诸多城市问题。设计基于城市价值重塑、社区活力再生，以及城市功能完善等需求，对地块进行了整体的改造更新。

糅合·叠加·共生

场地共计保留了三幢有价值的老建筑（一幢 20 世纪 80 年代的砖混建筑、两幢 90 年代的框架结构建筑）。这些建筑的外立面年代久远，且进行过多次涂料粉饰。其余多为无产权、私搭乱建的储藏室、构筑物等年久失修、存在结构安全隐患的建筑，没有保留价值且影响消防安全，故均予以拆除。

在保留的三幢老建筑中，两幢 90 年代的框架结构建筑其一位于场地西侧，是一家 7 层的城市快捷酒店；第二幢位于场地东侧，是一座 4 层的废弃办公楼。为提升场所的社会和市场价值，营造更为和谐的城市界面和街道尺度，设计加建了一座 5 层的社区功能体，其内包含区级的公共展览馆，公共参与的元宇宙展厅，商业化手工作坊，艺术工坊，宜老宜幼的书法、舞蹈学习交流空间，便捷的社区超市，党建办公服务空间，以及空中图书馆等。通过活

夏县堆云洞错落有致的院落

化老建筑缺失的功能业态，并在形态和功能上完整连接东西两栋老旧建筑，最终实现了新旧平衡互补与新老建筑的融合共生。

传承·层叠·构筑

通过改造，将三幢保留建筑形成东、西、南三方聚合的状态，自然限定出用于公众活动的社区中心广场，可容纳多元化的生活场景。该中心广场由酒店、社区文化服务中心、社区生活中心、社区配套等多种城市功能环抱形成，设计通过功能重置实现场所的活力再生及价值提升。

建筑形态的生成基于对在地文化的挖掘。山西有着中国最丰富的古建筑资源，北方建筑的厚重感是其极为凸显的特征。本项目建筑形态的灵感来源于有着山西运城"小布达拉宫"之称的夏县堆云洞。该建筑群始建于元代，堆云洞所处地势高峻，环境幽邃、群峰环抱、依岗而建。而项目所在地运城有着地形复杂、高差明显、山地丘陵较多的特点。设计基于运城的地域文化及地形地貌特征，思考文化的传承和延续，采用了"轻盈的厚重，漂浮的实体"的形态设计理念。

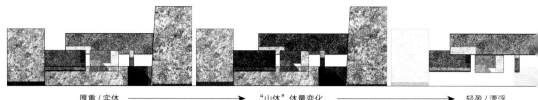

厚重 / 实体 ——————————→ "山体"体量变化 ——————————→ 轻盈 / 漂浮

从城市界面来看，东西两侧的保留建筑形态厚重，与新建基座形成 U 形的包裹形态，表达了稳定的厚重感。厚重形态部分以白色冲孔板作为表皮，营造缥缈虚幻的效果，以达成"轻盈的厚重"；中间加建部分被 U 形建筑基座环抱其中，采用朴素的红砖材料，手法克制，形成了"漂浮的实体"。

项目的城市界面平静而克制，内部场所空间则具有较为强烈的冲突感，传达出空间与环境的复杂性。堆云洞久为道家所居，明清时期不断增筑扩建，形成了房上建房、院中套院、洞里藏洞、层叠构筑的建筑奇观。设计提炼出其独特的"山城"意象，用堆叠的房子结合具有公共场所性质的城市大台阶，人们拾级而上犹如登山。"山坡"上低姿态的小房子高低错落、自由散置，形成了"有意思"的多元空间连续性。人们在其中穿行，仿佛"玩在山上，乐在山中"。

有序·生活·无界

适性理论强调建筑师的责任——追本溯源、回归专业，以使用者的姿态探究

←　基地旧貌　　→　新旧糅合

设计对人的意义。无论是空间秩序，还是行为秩序，都是为人这一本体服务的。城市的尺度、空间、环境、肌理，在很大程度上构成了人们对于城市的文化记忆。而这种记忆又将转化为一种行为的共识，达成新的、更具生命力的"序"。

通过梳理、挖掘和引导，打破边界，实现开放和融合——新与旧糅合、叠加，新构与遗存融合相生的手法，让项目在地而生，在无序的场地中重建人们的共识，创建一个新的通达融合的社会环境。

经过重构的新的空间秩序改变了人们的生活方式，而人们反过来又改变了生活环境。每条通达的道路、每个在其中穿行的居民，串联起小区、街道、社区、社会。在这种如毛细血管般的空间组织系统中，"序"贯穿于每个微空间。

在这里人们回归了生活所应有的样子，与社区为邻、与街道为伴、与城市融合，实现了真正的"无界"。

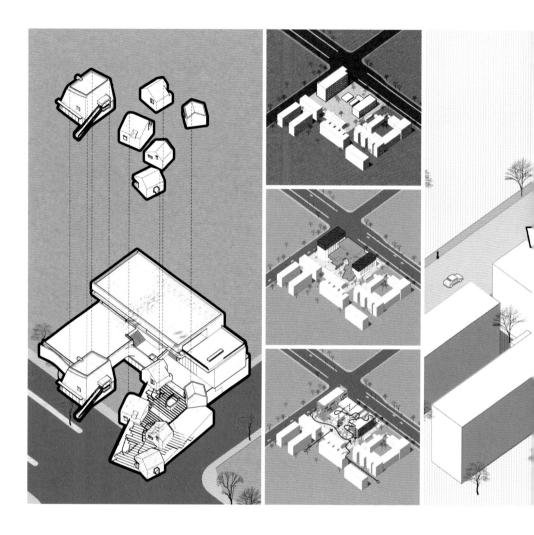

遗存、叠加融合、活力再生

鸟瞰

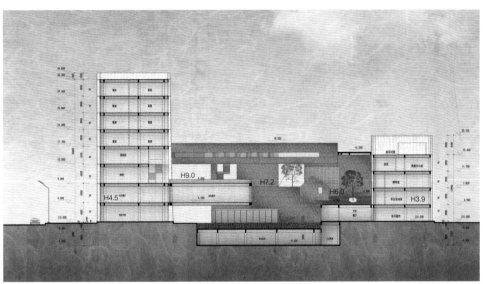

↑　建筑剖面高差示意　　↓　玩在山上，乐在山中

社区聚场

文化艺术展厅（右两幅）

开封顺河回族区传统街区
改造方案设计

项目位于河南省开封市中心城区，片区以东大寺、刘家胡同以及天主教堂为代表，形成了以回民居住的合院为主、多种宗教建筑共存的特色街区。该片区的改造设计关注社区的内在价值，融合本土文化和人文关怀，采用恰当的方式保留街区的既有风貌和生活方式，避免记忆的流失，使其潜移默化地融入现代环境之中。同时，以体验与联想的方式去追寻和延续人对传统街区空间的情感与记忆，在遵循真实性原则的基础上，保留属于这里的"故事"。

多样融合的区域文脉

顺河回族区传统街区是古都开封城内一个规模宏大、多文化、多民族、多宗教的聚集地。片区内伊斯兰教、基督教和佛教三教并存，宗教、文化资源丰富，散布着不同时期、不同文化的建筑，拥有被誉为"河南首坊"的伊斯兰教古寺东大寺、保存良好的民国时期天主教堂和佛教寺院东岳寺。

区域内的民居以合院建筑为主，形成了回族合院群居的生活方式。宽窄不一的胡同街巷围绕着合院分布，形成纵横交错的窄路网和公共空间，这些都构

成了独具特色的街区生活记忆。但由于城市的快速发展，片区内的房屋年久
失修，缺少基本的生活配套设施，周边环境堪忧，居民生活质量严重下降，
旧城改造计划势在必行。

原生脉络的延续

车尔尼雪夫斯基曾在《生活与美学》中提出："凡是显示出生活或使我们想
起生活的，那就是美的"，而这些生活都与人相关。面对历史与环境时，设
计不能只注重物质层面的再生与更新，更要注重积淀下来的城市印记，回应
历史文脉，传承文化记忆，延续生活方式，激活片区活力。

开封顺河回族区传统街区改造方案设计体现了脉络与生活的延续。借鉴开封
的宋文化和传统建筑文化中的空间布局、造型语汇、色彩及室内装饰，追求
建筑与自然、建筑与人文环境的协调。在保持原有建筑意韵和生活方式的基
础上，使新旧建筑的肌理对比、交织，并且运用抽象的设计语汇与现代技术
手段来实现传统与未来的共生。

传统建筑的保留与还原

顺河回族区传统街区内不仅伊斯兰教、基督教和佛教三教并存，宗教文化资源丰富，同时也是开封当地回族人口最为集中的社区。片区内拥有两处全国重点文物保护单位——历史悠久、规模宏大的清真寺和刘家胡同，一处省级文物保护单位——保存完整的哥特式天主教堂，以及多重合院建筑群。其中，以刘青霞故居为代表的四合院，左右对称、布局严谨，堪称清末民初中原地区合院民居建筑的活标本。

传承和发展的前提是保留和保护，具备地域特色的建筑本身就是文化、艺术最好的承载者和宣传者。在项目中，对具有社会价值的传统建筑以保留修缮为主，真实还原既有风貌，原址修"旧"，尊重其历史价值，使其文化价值充分发挥，并激发新的活力。

街巷肌理的梳理与提炼

街区内胡同街巷交错纵横，如烧鸡胡同、财政厅东街、贤人巷等，形成了独特的城市肌理。项目提取和保留了具有该区域特色的街道和路名，合并较小的地块，从公共界面、街巷网络、空间节点、建筑单体等角度重新梳理主次流线，从而迎合旅游和居住对于动线的不同要求，使片区内的结构和分区更加明确清晰。街巷之间风格迥异，述说着一个个引人入胜的故事。通过梳理街巷网络和保留街道名称，把每个故事串连起来，以此作为历史脉络的依托，像是一张充满历史遗迹的网，把整个街区笼罩起来。

生活方式的传承与更新

群体性、多元性的宗教、民族和历史杂糅在一起，共同形成整个街区的文化系统，而这些潜在的文化习俗也在社区原住民的情感、认知和行为中体现出来。

作为一个以回族为主的社区，东大寺在社区中占据核心地位，"围寺而居""围寺而市"是社区的主要物质空间特征。在改造的过程中，我们保留传统的居住空间布局，规划明确有序的功能分区，以不同风格的功能空间将居住、商业、文化、宗教相互融合。

新式合院建筑的设计特点鲜明，满足现代化居住需求的同时，兼顾传统合院民居的生活方式和丰富的街道生活形态。一院多户、合院群居，与自然和谐共生，将真实的历史、消失的历史、存在的历史、虚拟的历史融合在一起，使传统街区焕发新生。

仍能回忆起年少时在院子里的那棵大树下，

听爷爷讲故事，听奶奶哼小曲。

结语

在顺河回族区传统街区的更新方案设计中，我们重点关注社区的精神内核，保留修缮传统建筑，梳理提炼路网路名。通过新式合院的建筑布局形式，将原住民的生活方式、本土文化的灵魂和现代化的居住要求相结合。在保护社区既有风貌的基础上，避免历史记忆的消失，延续文脉和生活，让新旧肌理交织，使传统街区不失传统魅力，尽显时代风貌。

街区改造后的鸟瞰图

街区道路原状

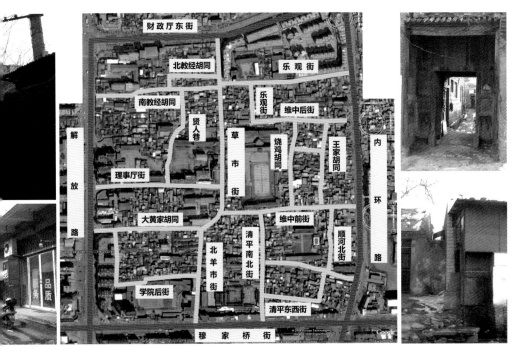

多文化、多民族、多宗教、极具保护价值的历史建筑

Ⅱ-3　居住类

阳光·海之梦

基地位于美丽的海口市海甸岛北侧，西倚和平大道，南临南渡江，北眺辽阔的琼州海峡，南临海景路。基地东西总宽 400 米，西侧南北进深 87 米，东侧最宽处南北进深 294 米，呈不规则多边形。

项目设计着重考量建筑景观的滨海性、海景的充分利用、江景的兼顾以及城市沿街界面等方面，结合适性地貌场所理论进行多维度实践。独特的设计构思和规划理念，使本项目成为海口市海甸岛具有鲜明滨海特色的现代度假居住典范。

适性的海岛风情，自然而然地将生活本真、住区品质、城市语言展现出来。与时俱进的设计态度，在空间脉络中创造出一种完美结合环境与功能的真实诉求，成功地激活了地域化、生态化、未来感的建筑风貌。

规划景观空间营造

在有限的容积率条件下，以高层建筑布局带来 12% 的超低建筑密度，营造出基地内开阔的景观绿地和景观视野，以及超高的绿地率和大尺度的丛林景观。建筑单体动态舒展，点式和板式高层住宅楼顺应地形，形成灵动自然的规划布局。

项目景观设计结合滨海地区的气候特点，大量的热带植物形成丛林景观，广阔的空间尺度加上疏朗的建筑布局，对于热带地区夏季的住宅散热和通风也大有裨益。项目景观设计并非盲目求大，而是在大尺度的空间中，通过丰富的景观层次设置，营造富有情趣、亲切宜人的小尺度景观环境。植被的高低、疏密、远近及色彩都经过精心布局，景墙、水系、地灯等景观元素有机结合，活动场地与设施充分考虑人的参与，健身步道、健身设施等精心设置。

滨水景观营造：江景的兼顾

基地东侧及北侧为南渡江支流，沿江北上不过千米，琼州海峡即扑面而来。方案设计充分兼顾江景，东侧住宅创造出的多层退台，形成面对江景、海景的多层、立体公共观景平台。

都市形象营造：开放的生态界面

基地西侧的和平大道为海甸岛的城市形象主干道，方案不仅考虑到项目内在的海景特质，更加注重其对城市环境的积极提升作用。在和平大道与海景路的交叉口设计大面积的城市公共开放空间，使城市空间和小区内部景观空间形成交流互动，对两种性格的空间都形成延伸和借景。

建筑形体的平面流线和立体退台让建筑整体造型更具飘逸动态之感，从城市的任何方位望去，都有着丰富多变、跌宕起伏、灵动隽秀的视觉效果。

形象识别度：滨海生态符号

融入地域生态符号，提取海景、海浪、海螺的形态特征作为项目的设计元素。单体建筑设计充分响应规划的构思立意，塔楼玲珑圆润、挺拔俊秀，如白玉琢成。屋顶设计空中观海平台，海景尽收眼底。板楼流畅飘逸，跌宕起伏，若波涛澎湃；端部作退台处理，居民在此处可感受海风拂面。

户型设计充分考虑海景利用，小进深、大面宽。大型私家观海阳台的创新设计，加上波浪感十足的流线形体，是"滨海建筑"的最好诠释，正可谓"刚

性的流动、飘逸的建筑"。

建筑主体造型端部设置逐级后退的景观露台，提升产品品质和客户体验。灵动起伏的栏板不仅融入了滨海元素，也兼顾了相邻住户的居住私密性。

在造型、色彩方面，用洁白的颜色与海的湛蓝形成鲜明对比；建筑材质、色彩充分顺应材料"本性"，结合造型，形成适性建筑语言。通过对灵动、独特的滨海住宅气韵和内涵的追求，营造出富有本土性、公共性、文化性、艺术性，融入自然、适于生活的建筑形象。

强调绿色共生、生态美学和可适空间表达。规划理念与基地环境相融合，建筑技艺回应自然环境，满足建筑的功能性和舒适性需求。从海南自然风光及人文角度出发，将人文生态环境的纯粹性、私密性和城市景观的完整性体验最大化。

通过适性建筑的理念，"海之梦"的规划构思、建筑造型及空间体验，从城市、环境、市场、产品的角度寻求动态的均衡与可持续性，实现人和建筑与自然环境适度共融的自然状态，营造滨海住区的特色和自然本真之美。

美好时光居住项目

项目基地原为郑州市江海啤酒厂用地，基地内有百余棵三十年树龄的法桐及塔松等树木，植被葳蕤，原生环境条件相对较好。所在区域内集合了多个成熟楼盘和家属院区，居住氛围浓厚。设计希望在这片成熟的住区内，以现代手法探索传统建筑形式的当代营造，以更朴素自然的形式实现建筑的适性生长。

文化的回应与延续

在我国，院落空间作为中国传统建筑数千年发展的最终结果，是建筑在本土文化影响下顺其自然的智慧结晶。

古人倡导"人法地，地法天，天法道，道法自然"，一语道破宇宙万物之终极渊源——自然。何谓自然？"自"是"自在""自我"，"然"是"……的样子"，"自然"即为本来的样子。院落即是中国传统建筑体现"自然"、融合"自然"的形式之一。中国传统建筑属于木结构建筑体系。木材记录了树木的荣枯兴衰，而这正是自然的真实写照；由其建造的院落又有一个重要特质，即贴近地面，融入大地。

同时，院落的形成也离不开中国传统社会的礼制观念与礼制文化的影响。传统院落空间左右、中偏的位置关系恰恰体现了一种家族秩序，且这样的围合有一种向心的凝聚力，是与其他家族群体得以区分的群体特质。

项目设计通过对传统院落空间的精神特质加以分析，延续中国传统建筑中积极的精神特质，摒弃糟粕。通过现代营造，使传统院落空间更符合现代人居需求的同时，延续历史文脉，让建筑"适"本土之"性"。

大围合、小院落

项目设计贯彻"以人为本""尊重自然"与"可持续发展"的思想，综合分析区位条件及基地与周边环境的关系。以建设和谐共生型居住空间环境为规划目标，打造现代院落空间新的居住模式，实践"大围合，小院落"的设计理念，作到人工环境与自然环境的有机协调、和谐统一。

从城市全局的高度对社区进行规划定性，将社区作为城市整体的"组成部分"进行设计。充分考虑社区与周边城市区域在空间、功能、交通上的相互关联，有效地整合周边的城市空间资源和自然环境资源，最大限度地提升社区内部的经济开发价值。

总体大布局形成围合之势，屏蔽周围不利影响的同时，增强小区整体的独立性、可识别性和业主的认同感与归属感。小组团采用南北入口，形成"小院落"邻里空间。楼宇之间形成小的院落空间，而组团之间形成大的围合空间，大小围合及院落空间相互穿插，共同构筑促进邻里交往的积极空间，从而形成住户之间和谐共处的居住氛围，满足居民对多层次空间序列的需求。

空间的激活与连接

项目的总体规划设计以"一纵一横"两条轴线贯穿整个小区，空间序列收放自如。"纵横轴"为休闲景观轴，总体景观结构以纵横两条轴线结合主要景观节点的起承转合，形成层次分明、开合有度的景观空间系统。保留基地内原有的一百多棵高大乔木，形成小区的绿肺，用步行系统和水系统构成风车状的内部绿轴。

"纵轴"使"大围合"空间相互贯穿，空间层次有序变化，围合而不封闭，使每个组团都有自己的公共交往空间；"横轴"为步行景观轴，与"纵轴"在中心聚会广场交会，接着进入休闲运动场所，形成连续的步行景观。纵横两条景观轴线形成小区大围合的"整体院落"，将整个小区作为一个大的院落空间进行处理。

"横轴"在文化休闲广场处与地界偏转 27°，不仅使楼体的朝向变好，而且与东西向的楼体布置形成错落、活泼的形态变化。楼体之间错落有致，与水系穿插交会，空间形态变化丰富，使整个小区平面布局灵动、活泼。各个邻里单元、住宅楼三三两两与南北入口相结合，增加业主相互之间见面的频率和沟通的机会。端单元作收头错位处理，结合景观围合，形成邻里"小院落"空间。

项目提取传统院落布局形式中的积极特质，结合现代住区需求，进行院落空间的当代营造。既是对传统文化的回应，也让院落空间挣脱时代的束缚，恰当且自然地与人、环境、经济、时代相融合。

永威上和郡

郑州地处中原腹地，有"天下之中"的称谓，其建筑体系与源远流长的中原文化息息相关。中原民居的建筑艺术讲究人与自然环境、形式与功能的完美结合，追求的是"人、社会、自然"和谐统一的建筑思想。

适性建筑主张一种自然、和谐共生的态度，是对建筑价值取向的考量。本项目希望延续这一理念，在满足当下住宅需求的同时，结合地域与人文环境，从形式、体量、空间、材料和气质等方面入手，让建筑获得情感上的归属感和认同感，使建筑成为地方文化传承与延续的载体。

文化传承

永威上和郡坐落于郑州国际文化创意产业园绿博片区，贾鲁河与东风渠两条水系环伺。在这座少水的城市里，丰富的自然景观和人文资源构建出一片得天独厚的低密度别墅区。

项目基地地块方正，这与中原传统民居布局形式的需求——中轴对称——不谋而合。本项目的设计就以此为基点，将中轴对称的布局形式融于设计构思，结

承袭传统礼制观念的中轴对称设计

合地域特色，使现代生活与礼制文化相呼应。

在景观设计方面，以均衡有序的对称围合布局适配中轴对称的设计。将"以宅之心，筑园之美"作为规划的核心理念，以中心绿脉为轴，在内部形成大的中心景观带；以南北向的主轴串联起大小景观空间与建筑组团，形成流动而完整的景观系统。

用建筑来围蔽和分隔空间，力求从视觉上突破有限的庭院空间之局限性，使之融于自然、表现自然。宅中院、院中园，建筑点板结合、错位布置，使庭院空间流通、视觉流畅、隔而不绝，在空间上相互渗透。

地域表现

适应自然与环境是建造活动的出发点，也是建筑形态万千的主要原因。让建筑融入自然，同时尊重人们的社会生活需求，是本项目造型与选材的基本原则。延续本土真实性的人文、社会和自然环境，使建筑达到顺其自然、自适其性的和谐状态。

陶板的温润与清水混凝土的质朴、简约相结合

永威上和郡被贾鲁河、绿博园与中原外滩公园等自然资源的绿意包围，现代流行的公建化立面在这样的环境中难免显得突兀而割裂。而符合地域特色的"新中式"造型又过于千篇一律，缺少了些因地制宜的自然与新意。我们希望用现代手法，将中原文化的含蓄之美映射在建筑之中，通过人文设计元素的植入，让建筑顺应环境，更顺应文化。

立面设计强调硬朗的体块与线条，形成强烈的雕塑感和视觉冲击力，塑造古朴、大气的美感。在材料的选用上，首次将陶板用在住宅外立面中。天然陶土色泽柔和，在阳光的照射下更显古朴、沉静与自然，这种温润的材料调性与中原人文特色相得益彰。

与住宅外立面选用轻巧的陶板不同，在下沉庭院的材料选择上，采用一次成型的清水混凝土墙，取其质朴简约的特质，不再添加任何装饰，赋予建筑天然本真的美感。清水混凝土朴素坚实、敦厚沉稳的气质回应着中原文化源远流长的历史厚重感，也让建筑与周边环境得以融合共生。

庭院四周用无立柱玻璃护栏代替传统护栏，既规避了下沉庭院的封闭感，提高了社区生活的安全性，也在视觉上营造出一条条通透明亮的光带，与周边碧波粼粼的水系形成呼应。

场地互动

永威上和郡下沉庭院的塑造，尊重融于环境中的模糊界面，丰富空间体验层次，使不同的空间相互交织。其本质是通过建筑自身的逻辑与场地互动，实现建筑适性的同时，兼顾其实用性。

在社区的中心位置，设计结合地下车库顺势将景观作下沉处理，形成下沉式庭院，以建筑契合地势，同时形成高低、起伏的空间变化。顺阶而下，是沉静雅致的闲适之所；拾级而上，则是全龄互动的交互空间。

结合下沉庭院北高南低的坡度情况，在庭院最北边特别规划了无障碍坡道连接上下层空间，让居民即使在坡道上，也能拥有全方位的观景视野。而下沉庭院的设计也为地下车库带来自然的通风采光，提高了建筑整体的均好性。

以"顺物自然"理论完成对场地的思考：顺应地势、打破常规的平面景观空间以及三维景观的渗透，让社区空间更加多元、富于丰富的想象力。

结语

设计自觉寻求建筑与地域文化传统和自然环境的结合，并将其融入建筑构思；表达空间形态的多样性，营造场所精神，使建筑与基地各要素成为一个有机的整体；与自然共生，实现建筑在自然生态和社会生态两个方面的可持续发展。

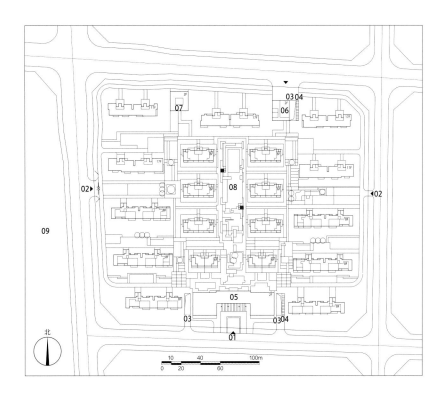

北

01 形象出入口	04 非机动车出入口	07 物业用房
02 次出入口	05 入户公馆	08 下沉庭院
03 地库出入口	06 社区配套	09 城市公园

总平面图

下沉庭院设计效果图

下沉庭院实景

昆仑望岳居住区

特殊地段、特殊背景，伴随城市的发展、社会的进步，保留特定的记忆，传承特定的人文价值，使其被深层次地挖掘出来。

"历史 + 当代 + 未来"才是真正属于这一特定地段的建筑营造。代表西区特定工业文明的建筑，与周边环境对话、共融，是本项目创作的最可贵之处。

时代印记

城市和人一样有记忆，因为她有完整的生命历程。西区更是郑州一个时代的缩影，这段记忆在时代前进、产业变迁的过程中被融入巨大的城市肌体之中。

郑州电缆厂创建于 1959 年，位于中原区华山路，工厂坐西朝东，西有贾鲁河，北有郑州第二砂轮厂（简称"二砂"）；是我国一机部直属院合型电线电缆合电工机械工艺装备、制造的大型骨干企业。

昆仑望岳居住区从属于郑州电缆厂区总体更新改造项目，位于改造后的昆仑

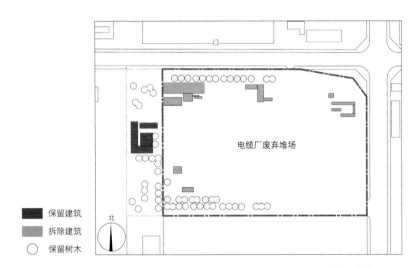

基地现状总平面图

保留建筑

拆除建筑

○　保留树木

北

望岳艺术馆东侧。原状为杂乱的库房堆场及零星的临时库房，遗留了大量的废弃设备。伴随产业的发展，电缆厂外迁至新区，该地块成为电缆厂的回迁安置用地。

故事与价值

规划布局从场地线索出发，进行记忆挖掘，也是社区空间格局生成的核心依据；由此产生了一条从工业记忆走向当代人居生活的有趣故事线。其间更产生了多个独特的活力价值点。

价值保留点一：将基地西侧废弃的维修车间、喷漆车间及临时档案馆串联改造为社区艺术馆。档案馆采用中国古建筑的木构架建筑体系、硬山式屋顶，拥有朴素的构造美，与苏联援建的模数化车间依偎在一起，这是极其罕见的组合方式。通过"缝合、突变、叠加"的微改造策略，缝合部位使用了玻璃、金属等当代材料，营造容纳社区生活和城市功能的场所，实现了过去与未来的碰撞。

同时，将艺术馆周边近五千平方米的场地改造为社区口袋公园，使用了大量的锈钢板景墙，对空间进行限定和划分，打造了以工业元素为主题，包含草坪剧场、文化廊亭等在内的多种参与空间，建立了完整的社区理念。

价值保留二：以北方的院落文化为基底，将楼栋错位布局，形成多个院落空间，创造富于变化的空间感受，实现了居住空间的资源均好性。设计将厂房遗留的工业设备植入新的社区景观环境中，形成了多个工业主题景观场所，营造出具有工业美感的角落空间。粗朴的工业老物件与全新的景观场景同置，形成了独有的空间魅力。

价值保留三：因年代久远，原厂区内有若干树龄近五十年的大树。团队在设计前期进行了大量的勘察工作，将有价值的苗木一一记录，结合规划进行重点保留。改造后给大树留下充足的生长空间，结合工业主题营造，为电缆厂职工创造了"大树下的回忆"。

形态抽离

建筑的造型设计以现代与历史的对话作为切入点。整体设计尊重特有的工业情感，以大气、洗练的现代建筑语言，打造工业建筑的厚重感和历史感，焕发工业遗产的内在活力，从而形成独特而富有精神内涵的建筑形态。

昆仑望岳居住区地块需要承载的是其独有的工业历史价值，更要放眼未来。三段式的建筑造型隐喻"历史 + 当代 + 未来"，顶部的"方舱"造型仿若眼睛，静静地凝视远方，旨在与历史对话、与未来对话。同时，在"方舱"空间中采用红砖房，唤回厂房记忆，以此实现历史与未来的碰撞。其间的空间复合、渗透，且实现了当代空中合院的居住理念。建筑中部以立方体为设计元素，串联而上，形成了简洁的韵律感。同时，舱体的设计也可增加业主的归属感。基座部分手法简约克制，运用遗留的红砖，点缀工业风格的装饰符号，与工业主题的社区景观环境高度适配。

每个细节都秉持朴素的精良主义，建筑自身极具可识别性，真正实现了独一无二的在地性。

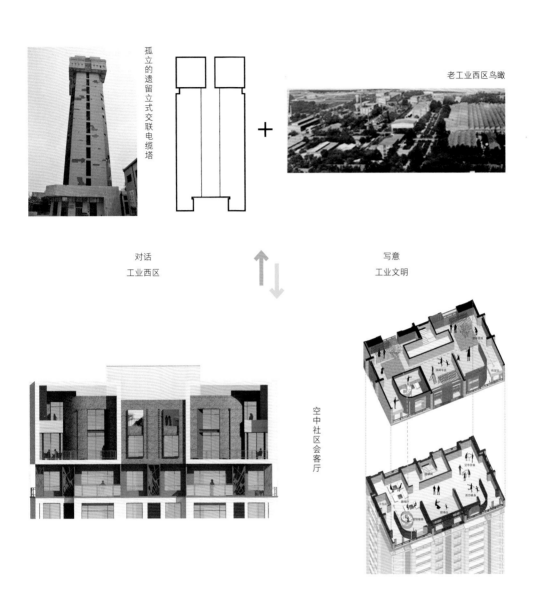

孤立的遗留立式交联电缆塔

老工业西区鸟瞰

对话
工业西区

写意
工业文明

空中社区会客厅

建筑形态以老工业西区的独特价值为切入点，打造"记忆舱"的独特符号

空中会客厅

空中社区合院

借助独特的建筑造型，在 6 号楼顶部设置空中会客厅，作为电缆厂职工的社区活动用房。其余楼栋顶部则利用屋顶平台，打造社区花园，作为各自楼栋的社交活动空间。

将废弃厂房留存下来的红砖作为建筑顶部"方舱"的外墙立面，以其作为工业文化传承的重要载体，旨在寻找电缆厂的历史记忆。红砖、工业老物件、电缆塔……使居民产生了高度的情感共鸣。

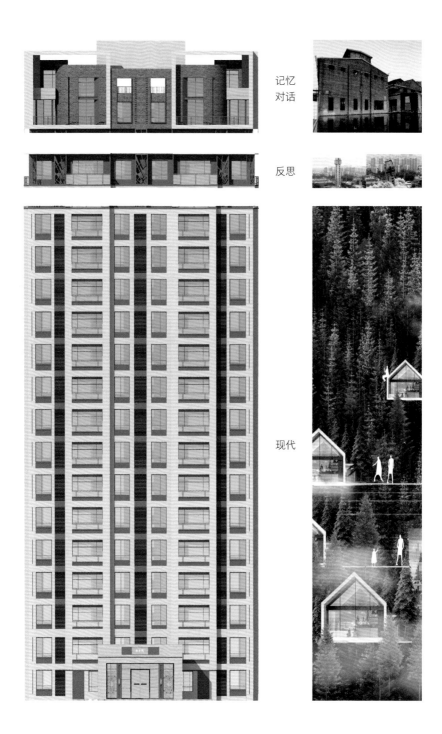

记忆
对话

反思

现代

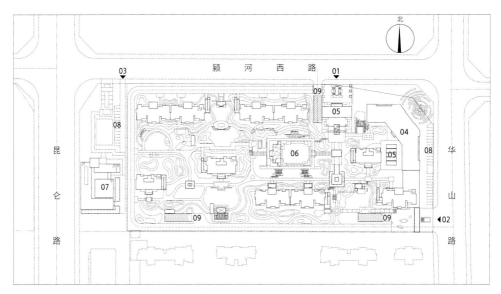

01 住宅主入口　　04 配套商业　　07 艺术馆
02 住宅次出入口　05 地下泳池　　08 地上停车位
03 艺术馆出入口　06 中心景观　　09 地下车库坡道

总平面图

延续记忆，容纳未来

本次实践的挑战是将旧工业文明的记忆进行有价值的保留，实现与当代居住文化的深度融合，满足当代人的居住需求。居住区以改造后的昆仑望岳艺术馆为文化锚点，从保留厂房、工业设备、现状乔木等的独特价值出发，将当代居住空间与工业遗存交织在一起，促使居民在日常生活中更加便捷地参与社区文化、艺术体验活动。

历史从未断绝，历史痕迹作为不断更新地区潜意识的深层结构而存在。我们在设计历史——物质和精神两个层面的历史，为当下及未来绘制历史的"画卷"。

鑫苑国际城市花园

鑫苑国际城市花园位于郑州市二七区棉纺路，是原郑州水工机械厂所在地。片区内聚集了棉纺厂和水工厂等多个厂区及其生活区。伴随着快速推进的城市化进程，工厂陆续外迁。区域内的住宅大多是苏式多层建筑。在这里常可听到人们操着外省方言生活交流，这是 20 世纪 50 年代援建棉纺厂等建设的江苏、浙江、上海、河北、陕西等外省市技术人员生活的痕迹。

项目所在区域内少有住宅项目，如何为曾经的工业化生产生活聚集区打造一个充分尊重旧有环境，同时又与众不同的特色住区，是设计考虑的重点。我们希望能够保留区域人文记忆，凸显浓厚的城市多元生活氛围，在产业生活核心区内打造出可持续的人居生活环境。

规划肌理

项目希望以传承厂区风貌、环境和记忆的方式，去织补而非打破人们的历史记忆与情感。使其得以保留的同时，实现社区生活质量的改善，从而让该城市片区拥有更旺盛的生命力。

伫立在道路两旁高大的法桐是众多老郑州人的生活记忆，对于项目区域内的"原住民"也一样。规划设计将这部分记忆予以保留，场地内众多 50 年树龄的法桐也被看作是这片区域的"原住民"，保留长达 300 米的法桐生态林荫道和原厂区迎宾路，形成舒适的风情步行街。通过保留以示尊重，并创造出新的生活记忆，让记忆更迭延续。

建筑呼应南北向偏转 15°的空间脉络，并采用南北偏转 15°的建筑与正南北向的建筑巧妙组合的规划肌理，满足业主对居住朝向、采光通风、景观环境的核心需求。

因原厂区要保持生产的连续性，故项目采用先西部、后东部的迁建时序。一期工程西区规划多层，二期工程东区为 15 层的高层（超大楼间距和景观空间更适宜保留原生乔木）。在园区中心营造均好且灵动的三组超大尺度、南北走向的景观绿轴，园区景观体系灵动舒展、自由围合，空间院落和住区组团尺度多样。基地南侧的三幢高层商务公寓可欣赏到碧沙岗公园和城市的壮观景致。

基地临棉纺路，东西两侧规划机动车出入口，临街设置风情商业三幢高层商务公寓。保留厂区道路并沿基地周边设置环形机动车道，在商务公寓北侧与住宅之间规划地下车库，实现人车分流，使社区生活更加舒适安全。

幼儿园规划在法桐林荫道中部，利用生态环境营造更契合儿童天性的场景体验。在基地西侧规划小学，300 米的法桐林荫道打造出一条"快乐上学路"——边界活跃、绿色安全、静谧悠闲的慢行环境。

景观序列

与项目设计思路一致，景观序列的营造依旧基于对场地历史文脉及元素的呼应。以基地原本的自然特征和"绿岛生态链"景观轴线作为设计的母体，结合张弛有度的脉络，共同构筑出高品质的宜居生活空间。

法桐林荫道人文时空廊（入口空间）、生态滨水休闲公园（高层中心景观）与湾居艺术花园（多层中心景观）三大主题景区共同组成项目的人文景观脉络，形成开放、共享、健康的四季生态环。

舒缓灵动的水系、环布其周的聚会空间、独具区域特色的工业造型艺术化雕塑……景观设计注重生态性、人文性、开放性。回应场所的历史语境，为未来的使用需求预留出空间。以场所激发丰富的社交、活动、娱乐、亲子互动等社区生活，营造和谐浓郁的生活氛围。

住宅建筑与景观空间对应，具有韵律感和连续的开放性。商务公寓塔楼富于韵律感的小尺度造型简洁优雅，与 25 米宽的棉纺路步行街相得益彰，重塑街区活力。

立面选用简约、优雅的单色材质。多层住宅和时尚公寓的坡屋顶形式迎合当地的传统建筑特征。高层住宅外立面的小规格白色墙砖材质，使之犹如丛林绿岛掩映中的白色帆船，丰富的画面以一种开放自由的形式拥抱着"丛林溪谷"中心景观。

结语

设计关注场地的人文记忆，规划布局、景观设计与场所文脉相契合，塑造独属于此项目的、独一无二的气质。响应多元客群的真实生活需求，以自然、人文、可持续、健康生活为核心理念，营造出人与艺术、建筑与自然相生与共的和谐状态。

01 主出入口

02 次出入口

03 配套商业

04 幼儿园

05 中心广场

06 公共绿地

07 小学

棉 纺 东 路

总平面图

永威上和院

天地有大美而不言。

美在自然，美在日用常行，

空中的光、色，花草的摇曳，云水的波澜……

这一切的美，就是艺术的范本。

项目所在，是中原城市群的核心城市、中国八大古都之一——郑州。基地位于北龙湖片区的核心地段，是郑州的高端住宅集聚区。设计没有采用现代流行的建筑风格，而是试图从城市气质出发，还原中原建筑沉稳浑厚的气韵，更加聚焦于本源的传承。

中原·蕴意

建筑、空间、园林共同构成立体的生活场景。永威上和院作为住宅项目，其本质是服务于人。设计将"以人为本"作为设计初衷，同时希望构建出与周边区域、与城市和历史更加契合的建筑，以期达到从建筑到生活的顺其自然、和谐共生。

设计从建筑立面、空间环境、园林景观等维度融入中原建筑礼制观念，取法传统合院的轴线序列，实现人与宅院的互生共融。

规划设计借鉴中原传统建筑的内涵与韵味，以合院为设计理念，以生活方式为出发点，回归现代中式生活的理性空间。用完整和谐的整体格局与精致的细节来诠释中式空间环境，诠释中原生活文化。

中轴对称乃国之礼序，古来有之，源远流长。设计将中轴对称融于规划，蕴含东方哲学，重现中原美学生活方式，为现代都市生活融入古典美感与秩序感。

在立面设计上，将传统与现代交织融合，以传统的人文情怀融入现代居住的新需求。用一块块手工陶土砖，造就建筑的古朴精致，营造久经岁月洗礼的沉稳气质。

在项目具有昭示性的大门设计上，以 16 扇高 5 米、宽 0.75 米的金属大门组合而成，每扇门重约 2.2 吨，采用厚达 1.5 毫米的紫铜板覆面。铜是中华文明发展历程中最早被广泛使用的金属材料，有大国利器之美韵。紫色乃是祥瑞之色，中国自古以来以"紫"为尊。一扇门的厚重典雅、气势挺拔，非紫铜莫属，以紫铜之厚重映射中原大地的文化底蕴。

庭院·雅趣

园林设计取法中式园林意象，融合现代人居生活方式。东西贯穿景观主轴线，在南北轴线上将建筑架空，形成中央下沉庭院。组团合院四象分布，演绎独特、灵动、丰富的院落气韵和内涵。

遵循合院的设计理念，注重庭院的营造，以传统礼制打造三重院落，8 个宅间空间均以人的居住需求为标尺。景观设计以现代简约的手法，赋予每个院落不同的气质与表情。引入 72 棵老树，将其分散栽植于整个地块之中，营造真实自然的生活空间。

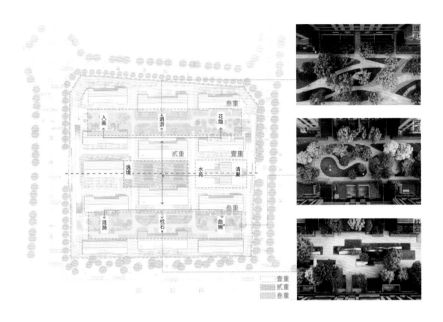

园区内八大主题院落——清聚、逸境、入画、逍游、花隐、涟漪、枕石、曲婉，结合中央水苑，给人带来些许禅意和美的享受。一块石、一方水、一棵树，自成境界，写仿自然，又归于自然，全维度阐述本土性、公共性、文化性、艺术性、可持续发展、和谐共生、有机统一、人文风俗，以及社会生活中的秩序。

建筑单体

立面设计传承了中国东方人居的礼仪内涵，表达东方宅邸庄重肃穆的气质——出则威严庄重，中正巍仪之感；入则归家有道，自成格局之势。

立面材料的选择源于传统材料的再创造，选用符合地域文化的臻材，将其作为载体，呈现出不同寻常的建筑质感。历久弥新的石材、厚重古典的黛砖、沉敛静谧的悬山屋顶……无数精致的细节共同拼凑出地域与时代跨越古今的完美对话，只为了诠释更亲土、更自然、更健康的建筑。

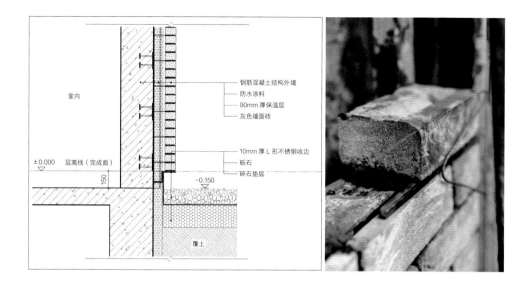

钢筋混凝土结构外墙
防水涂料
90mm 厚保温层
灰色墙面砖

10mm 厚 L 形不锈钢收边
砾石
碎石垫层

室内

±0.000 层高线（完成面）

150

-0.150

覆土

在外立面风格的打造上，通过现代手法写意传统韵味。砖、石的古朴质感与金属、玻璃等现代材料有机结合，在经典符号与现代环境的共同作用下，让过去与现在，乃至未来相生相伴。

幕墙为手工陶砖，经 900° 高温烧制，呈现出一种原生、质朴、自性的传统材料的美感。每一块砖的纹理与色彩皆不可复制，这种并非千篇一律、模式化的建构，营造出仪式感以及对美的不懈追求。在项目所在地域中原意蕴的感染下，工匠们精砌细筑，使建筑呈现出独一无二的厚重的气质。

我们将合宜的设计、契合的材质、尖端的科技以完美的手法整合于此。对适性建筑的思考与实践，在举重若轻之间，以均衡协调的表象，传递出师法自然、顺势而为的生活态度；延续本土真实性的人文、社会和自然环境；自适其性，自然而然地融入这片中原大地，宛如破土而出的种子。

不锈钢标识

钢制雨落管

三层中空系统窗

金属格栅

手工黏土砖

外墙细部

宅间实景

庭院实景

大门实景

立面实景

金领九如意

河南史篇浩繁，数千年岁月流转沉淀下底蕴深厚的人文资源，地方特色鲜明。金领九如意位于史称"天下之中"的郑州，坐落于风景优美、高端住宅区聚集的北龙湖片区。项目设计立足于本土文脉，融入地域精神，以根植大地的姿态模糊建筑与环境、人与自然的边界。

作为郑州的高端住宅聚集区，金领九如意将品质性和独特性作为项目定位。院落，是历经千年的中原人居生活载体，也承载着当地人的历史记忆与深厚的情感积淀。"以院合围，堪称为家"，设计以此为灵感提取丰富的文化元素和院落情节，将之融入整个项目之中。思考对于文脉的回应，通过"融合本土文化与人文关怀"，关注建筑的内在价值，探索再现人文风貌的恰当方式。以体验与联想的方式去追寻和延续人对空间的情感，并将其融入现代环境之中。

设计萃取中式居住精神，融入现代中原建筑礼制，以悠闲的院落空间与传统建筑中轴对称的格局相结合，强调东方建筑的礼序感与仪式感。现代建筑与传统意蕴的相生相融，将庭院理念融入居住空间，回归人本居住情怀，重拾传统院落及邻里情节，塑造朴素淡雅、诗意自然的空间环境。人与宅院、人

←　郑州康百万庄园
↑　河南安阳马氏庄园
↓　山西乔家大院

与地域互生互融。

规划以"中心十字轴"为景观骨架，以"一心四团"的院落景观空间统领整个社区。通过空间的错落与围合形成层层递进的院落，营造可行、可望、可游、可居的院落景观。在十字景观轴的交会处设置中心院落，4 个组团景观院落围绕中心设置，保证每户都拥有良好的景观朝向；同时，组团划分明确，兼具舒适性和私密性。

项目注重院落空间与建筑空间的有机结合，将传统合院空间融入建筑设计，创造出底层复式、中部大平层、顶部合院的全新居住模式。同时，依附于空间轴线，使多级院落空间序列明晰、层次丰富。

景观设计融入北方园林特色，将北方的轴线、序列以及层层递进的仪式感与景观细节进行结合。组团景观以"人生八雅"即"琴、棋、书、画、诗、酒、花、茶"为题材，为每个景观组团设置主题，体现了"隐于府，净于心"的文人雅士的审美及精神追求。

道路设计讲究静街深巷的街巷设计，将道路等级分为街、巷、驰道三级，每个等级分别设置特色景观树种，打造步移景异的视觉感受。

景观空间追求舒缓、深沉、流畅的境界。空间序列层层铺开，曲折迂回，意蕴深邃，尽显流传千年、温润风雅的人文意蕴。

住宅设计充分考虑北方人居的地域特色，对天然采光、通风、私密性充分关注。将一二层作院墅化处理；顶层的围合露台空间形成空中四合院，在空中营造私享绿化庭院；标准层大平层南向多开间，使居住空间的采光舒适度得以最大化。设计不仅满足了本地居民的院落情节和采光需求，同时充分尊重河南当地的气候特征，营造出南北通透的户型格局，提升了居住者的居住体验。

建筑外观遵循雅致而不张扬的理念，注重细部处理，将中国传统的窗棂与回字纹，用现代的材料进行演绎，与顶部线脚和栏杆进行结合。建筑立面主次有序，底部厚重沉稳，墙身简约挺拔，屋顶巍峨舒展，充分展现出建筑的典雅韵味。外墙材料由黄金麻天然石材、三色定制砖材、进口陶瓦和金属材质组成，既呈现石材的厚重感和时代肌理，亦有砖瓦的东方韵味。在细部处理上，加入金属分隔条、铜饰纹样等装饰元素，承古意、写今心。

设计融入地域精神，砖、石的古朴质感与金属、玻璃等现代材料有机结合，用当代的技术与材质对中原传统建筑符号进行演绎，使之融入建筑的细节表现，通过现代手法写意传统韵味。营造场所人文精神，表达空间形态的多样性。空间各要素形成有机的整体，顺应地势，与自然共生，实践适性建筑理念所倡导的空间可适性。

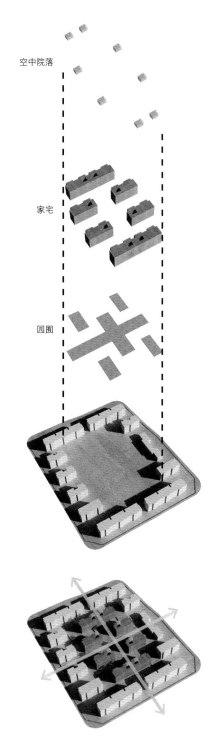

空中院落

家宅

园囿

造园——轴线格局，院中有园，园中有苑

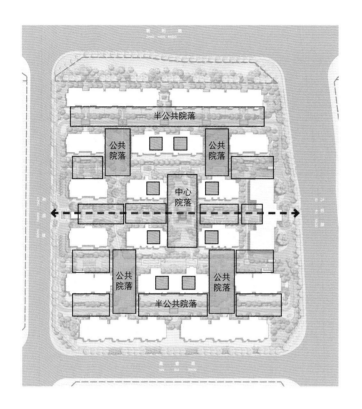

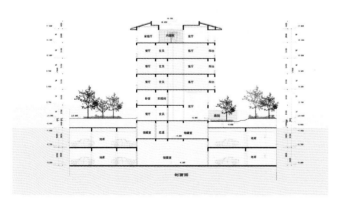

↑ 院落分析 ↓ 建筑剖面

金沙东院

项目位于豫东历史文化名城商丘，场地毗邻国家 4A 级旅游景区日月湖，同时也是商丘市的商务中心区。商丘是中国历史文化名城，华夏文明和中华民族的重要发祥地之一，五千多年的历史文化光辉灿烂。春秋战国时期，儒、道、墨、名等诸家在此争鸣，中国古代四大书院之一的北宋应天书院也在这里留下浓墨重彩。

尊重自然的哲学思想、兼收并蓄的开放思维是殷商文化历经千年积淀在这片土壤中的文化基因。立足住宅根本，以人为尺度，是本项目的设计出发点之一；让文化传承与时代语境碰撞相融，是本项目的设计出发点之二。

写意·东方韵味

设计是为了城市、社会、人和公共环境，以人为本的住宅设计在确保宜居的同时，也需要适于场所、适于文化。设计并未堆砌传统建筑元素，而是以现代设计手法、融合的意境以及情境交织的审美逻辑去回应城市基因，让场地本身所蕴含的文化与建筑产生联结。

写意的"坡屋顶"

项目基地北侧与东侧均有较好的景观资源，可塑性较强。整体规划结合西侧高层建筑群，以多层建筑布置形成由西向东逐级降低的城市天际线，也将东侧包河景观最大限度地引入景观视野。

规划设计融入东方建筑独有的礼序与仪式感，小区入口的围合院落空间传达外严内逸、高墙深院的尊贵意蕴。踱步走过抄手游廊，豁然开朗的住宅界面和多义景观空间形成鲜明反差，将先抑后扬的中式居住理念通过空间感受植入人心。住宅楼宇则通过错位布置营造出疏密有致的灵动空间，形成三级景观渗透和超大视距，以提升居住舒适度。

中心景观区设计为下沉庭院，从地面到地下、从室内到室外，具有流动性的三维空间渗透更加多元、多变、多义。下沉空间为叠山理水的景观设计提供了更多可能。半山半水、半屋半廊，下沉空间的人景交互体验朦胧、含蓄，令人充满遐思。同时，也巧妙地消隐了空间意义上有形的"界"，使室内外之间形成一种似是而非的连续性。

建筑·时代共生

立面造型采用理性、极简的设计风格，精致纤细的建筑线条塑造出具有先进性和引领性的建筑界面。极简立面的精细度要求更高，线条、收头、分缝等精致的细节赋予建筑独有的风格。弃繁从简的设计突破传统住宅窗框比的桎梏，大面积玻璃幕墙和亚光银灰色铝板的搭配提升建筑整体的通透度，刻意地消隐，削弱建筑与环境景观的割裂感；同时，让建筑的视觉效果更加轻盈、流畅。玻璃通透，金属辉映，镜体为墙，光影为窗，循光谧境，斑驳共生。

以屋顶设计为点睛之笔，独具神韵的"坡屋顶"是东方韵味的具象化表达。神韵的外化遵循"情境"逻辑，于潜移默化之中平衡建筑的时代性与生活性，实现当代建筑与历史、人文的共生关系。

聚焦·适于生活

住宅以人为核心，好的住宅设计适于生活，甚至引领生活。在室外，多义立体的空间营造出有趣、多元的社交场所。在室内，对项目户型设计进行大胆创新，突破常规阳台的空间尺度，设置了双层挑高空中庭院。近九十平方米

←　双层挑高空中庭院效果图及户型图　　→　项目实景

的开放式客餐厅搭配 6.6 米超高挑空，朗阔开间及落地窗设计延续建筑立面风格；并与居住体验相结合，将无边界的视觉效果延伸至室内，打造通透感十足的居住体验，以人为尺度聚焦居家的精神需求。

本设计关注的是人的生活需求与地域情感，没有固守于建筑形制的"适性"；而是以设计营造一种新的精神联结，以此来回应地域文化、地域精神；以新生致敬传统，让建筑适于时代、适于本土、适于生活。

Ⅱ-4 其他类

吕祖山温泉度假酒店

无论是空间场所营造，还是人文环境表达，我们思考建筑的方式一直以来都是遵循人与自然的和谐共处，在传统东方哲学与美学思想的指导下，以建筑与环境对话的态度，追求人与自然和谐共生的理想状态。

建筑的生成源自于对原始场所的特性表达，是将场所的风貌、质感、环境、气候以及文脉等特性建立联结，使建筑成为与场所环境共生共融的一部分。

吕祖山温泉度假酒店地处河南省三门峡市渑池县南部，北面临近涧水，南依伏牛山余脉。场地以山地地貌为主，拥有丰富的自然景观资源，景致宜人。项目初始定位强调建筑的真实体验，以及可持续的人与环境生态的适度关系。通过将空间和自然互为补充，唤起人们对环境的尊重，创造一个人与自然共情体验的场所。

适于地貌

吕祖山自然景观独特。设计山地建筑，不仅要开拓空间、获取资源，同时也要顺应自然、回归自然，要充分尊重山地独特环境。

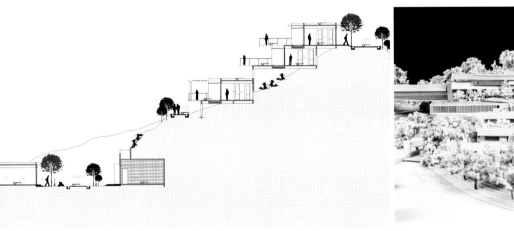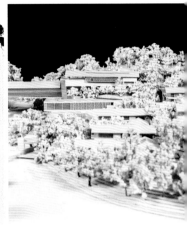

项目地貌

如何在保护和利用的同时，用现代手法表现地域文化，营造具有活力的生活空间，实现建筑与环境的有机融合，成为本次设计的切入点。

设计尊重原有场地的地形地貌，通过梳理场地高差关系，从地形环境入手，寻求建筑与环境的整体相融，使建筑顺应山脉，呈现依山就势的特殊空间形态。

规划布局打破场地与景观之间的封闭边界形态，将山地景观渗透到场地内部，形成连续的景观系统。同时，利用自然山势的高差，顺应山体布置建筑，维持环境的尺度关系，最大化保留场地特征，实现建筑与场地的和谐共处。建筑随形赋势，隐现于山林之中，形成依山而建、形态舒展自由的形象。

道路系统结合规划布局及现状地形，形成环路，串联每个楼栋的出入口等空间节点，机动车、消防车能顺畅地抵达楼栋附近，满足消防及使用要求。小区步道连接建筑与自然，穿插游走于立体景观之中，营造丰富的流线及景观体验。

规划布局充分考虑对现有自然景观的利用及与现状地形的结合，是本次设计的重点。通过多角度的视线分析及场地剖面分析，结合现有地貌条件，合理组织建筑竖向及高程关系，将建筑朝向开阔地带，面朝涧水。同时，通过超大的观景阳台、露台及大面积的玻璃窗，结合富于变化及张力的横向线条，将景观资源引入户内，实现建筑在环境中的自然生长。

适于自然

想要在自然环境中植入建筑，设计不能仅仅满足于不破坏风景，还应为风景增色。不同于其他建筑在形体设计时侧重于建筑昭示性的打造，吕祖山温泉度假酒店不是可以在远距离清晰辨识的人造物，而是"藏"于自然之中，成为人们感受自然风光魅力的良好媒介和点睛之笔。

为此，对建筑形态的自然肌理及体量消隐的处理尤为重要。建筑设计通过形态消解，弱化体量，让建筑藏匿于自然一隅。通过层层错落，依山就势，以"片层"的形态呈现，感觉建筑仿佛从山体中生长出来。独特巧妙的建筑形象与周边山体形态相得益彰，也成为游客欣赏自然风光的"原生元素"，最大限度地体现了建筑与环境融合共生的理念。

建筑与自然的关系还有另一层含义，即建筑自身成为人们观景视线的引导者和组织者。

建筑主朝向大多是更好的景观面，这自然也成为建筑形态生成的另一种逻辑。退台形成的屋顶被利用，每处屋顶为上层空间提供观景平台的同时，开窗的位置和大小不仅满足房间采光、通风的需要，也自然兼顾了"取景器"的功能。

适于文脉

建筑是文化的载体，反映了当地的人文、气候及风俗。传统建筑大多具备自然与生活融合的特点，符合本项目的设计初衷。如何保护旧有建筑，让老建筑重新焕发生机，同时让新老建筑有机结合，实现新老共融的效果，是本次设计的另一个重点。

窑洞是中原地区具有代表性的传统民居建筑形式，其独特的建造方式和与自然共融的生活智慧值得我们学习和借鉴。

窑洞原始风貌

吕祖山温泉度假酒店场地内原有窑洞年久失修，采光、通风不良，安全隐患较大，难以适应现代生活需求。本着对地域人文的尊重，设计最大限度地保留了场所内的窑洞原始风貌，仅作局部修缮处理，内壁用轻设计的方式进行饰面处理，保留其原始质感。外部用景观方式增设庭院，改善空间环境，激发场所活力，让老窑洞重获新生。

在新建建筑的材料运用上，提取原有窑洞青砖、木格栅等传统元素，利用现代建构方式进行重塑。这样处理不仅是对原有建筑的呼应，同时也能将传统建筑材料自然、质朴的气质表现出来，使新建筑与自然环境相得益彰。

结语

回溯设计的初衷，作为设计师想表达和展示给人们的是一种基于自然意向的本性生活形式，强调的是人与自然的和谐共融。

通过打造纯真自然的社区环境，完成对诗意生活居所的探索实践，唤起人们体验与自然共生的情感需求。如何处理好建筑、社区以及自然的完美融合，创造现代生活回归自然的高品质体验社区，是建筑师在适性理念的基础上，探索的新课题。

悉合创谷办公楼

项目区域隶属于郑州国际文化创意产业园中的中国设计城园区，位于郑州市区东部，是办公总部大楼，即产生企业核心竞争力的工作场所。园区由总部、创客中心、筑创蜂巢和意创蜂巢 4 部分组成。

求索·院落文化

院落作为中国人骨子里的人文情结和文化传承，已经存续了数千年。它之所以能够一直作为中国古代建筑的基本布局方式，主要是因为它契合了中国传统文化的价值观、自然观和审美观。

传统院落空间体现着传统文化和建筑空间的交融，中国传统院落空间与传统文化相互影响。设计希望通过实践，充分挖掘传统合院建筑的空间品质，探索对传统院落空间独特精神的现代表现。

在现代建筑设计中借鉴传统院落空间，需要突破形式模仿层面，深入挖掘传统院落空间背后的设计理念与传统文化，找到传统院落与现代建筑之间更多的融合点。本项目设计以此为出发点，试图打造一处关照自然、空间与理想的场所。

实践·院落形态与空间

设计以"传统文化的传承、现代文化的创新"为出发点，办公区采取围合式布置。这样的布局方式一方面满足了建筑群的整体性要求，另一方面也营造出前广场、内广场和北广场三个不同层次的院落空间，给建筑群带来多样的空间景观形态。

项目整体规划从"筑台、建院"展开，以传统院落的空间逻辑思考现代建筑的形态布局。院落成为控制建筑布局的秩序和线索，建筑于其中有序生长。建筑分散布置于环境之中，形成一个个相对独立的区域，以一条景观主轴把各区域串联起来，形成有机的整体。

传统院落空间

集中的大绿地——"创谷"，配以分散的景观组团和建筑庭院，形成主次结合、层次丰富的自然环境。自然环境又与建筑互相渗透，创造出一处自由、灵动、人文的自然环境，形成"园中园"的现代园林化布局，有利于激发出研发人员的创造力。

园区空间层次丰富，有开放的"创谷"、半开放的内院、室内中庭以及一系列灰空间等，营造出各不相同的空间氛围："创谷"——开放、大气，塑造出良好的对外形象；内院——恬静、迷人，渲染出宜于思考的空间氛围，使研发人员有归属感，进而激发出创造力。

内部设计方面，在一层以大空间为主，空间层层渗透，串联中庭空间、办工空间、展览空间、室内庭院与室外庭院，视线被层层引导，形成空间的流动性。设计兼顾了现代办工空间的开放性、共享性与社会性，同时对传统院落与园林加以立体化重构。每个楼栋都设立空中花园，各个空间之间既独立又渗透、连贯。

除此之外，在总部裙房和创客服务中心的屋顶上设置大面积屋顶绿化，以可入式绿地为主，增强使用者与自然的亲近融合，以及建筑与景观资源的融合。员工与访客可漫步于露台之上，体验高效、舒适的研发环境。

特别是总部裙房的屋顶，在空间上形成了以"屋顶上的生活"为主题的核心序列，构成了整个项目的特色故事环节。屋顶空间通过"类地形"的办公场所营造，模糊了办公与生活的界线，给员工带来更多的体验。"理性""严谨"的建筑单体与"灵动""活泼""开放"的景观环境共生，营造出一处轻松、自由、具有人文关怀的研发环境。

我们希望通过这次办公区域的集中整合，使工作场所外部形象鲜明，内部空间开放、自由，内外共同塑造公司的高端品质。在有价值的地理区位打造办公场所，使内部功能运作效率最大化。

思索・哲理和隐喻

项目设计在挖掘基地价值的同时，加大对建筑艺术的深入思考。建筑外观营造富有艺术气息的雕塑感造型，气韵生动，如行云流水般自然流畅。兼顾城市界面的灵动性和丰富性，形成错落有致的城市天际线。

裂变、破旧立新的主楼造型源于"融合、探索、开放、创新"的企业文化，采用双层 Low-E 玻璃和超白玻璃相结合的建筑材料。大量的空中院落镶嵌于主体之中，形成了立体化的现代合院空间。

办公楼裙房屋顶的研发中心通过熟练地运用已有的一系列建筑元素与语言，以及对中国传统山水画的分析与诠释，采用连绵不断的坡屋顶设计。通过现代手法写意自然山水，蕴含传统的东方智慧和思想精华，形成外在彰显时尚气质，内在延续中国传统建筑文化，真正作到了现代办公建筑的可观、可居。

悉合创谷办公楼设计，除了造型极具艺术气息外，建筑师在空间上也进行了积极的探索，通过"筑台建院"打造出更多的创新空间，其实质是让设计回归使用的"原点"。

我们除了要关注传统的设计要素外，还要结合时代的发展，更多地关注建筑的人文要素、健康要素和技术要素，实现设计为使用者服务的朴素理想。

二层屋顶庭院

三层屋顶合院

城市之上的表皮制造：
金运外滩体验中心

金运外滩体验中心项目基于"公园里的会客厅"的设计定位，兼顾文化推广和塑造业主方品牌形象的双重使命，以及对在地性、景观性、公共性、生态性、体验性、文化性的展示和品质诉求，是城市人文景观建筑的更新之作和适性建筑的创新实践。

建在公园上

项目基地位于郑州市南三环以南，郑州南水北调公园以北，拥有优异的城市展示面、交通优势及景观资源。用地呈不规则三角形，南北最大距离 165 米，南侧长 330 米，用地面积 2 万平方米。东侧为 50 米宽城市绿化带，地势平坦。

建筑结合基地特点，综合南侧南水北调公园，后退用地边界 50 米，形成 5000 平方米的项目前广场，东侧借用城市绿化带打造景观前场，基地北侧和西侧结合场地自身的平坦优势打造景观区域，形成整体近一万五千平方米的自然景观区域，建筑犹如置身于城市公园之中。

面对优渥的自然资源优势，如何做到在保护林木的同时，又最大化地利用周边景观，这是设计思考的重点，最终采用了"轻介入"的设计思路。

现代建筑的经典之作，如萨伏伊别墅、范斯沃斯住宅等，皆是将方形体量置于大片绿地和森林之间。体验中心建筑最终定稿为正方形平面布局，主体 2 层，高 13 米，总建筑面积 3400 平方米，宛如置于公园里的城市客厅。而为了加强体验感，在设计思路上引入"水"和"院"的概念，增加空间趣味性的同时，加强建筑延展面，形成"小中见大"的空间体验。

如在画中游

出于对项目昭示性、影响力的思考，为加强参观体验感，通过项目前广场的硬质景观与景观区域的软质铺装和林木形成对比。结合建筑内部不同庭院形成的灰空间与外部景观的渗透，形成层次丰富、可游、可观、有触感的体验场所。车流通过南侧的环翠路被引入主体建筑西侧的停车区，在 200 米的长度上最大限度地强化体验中心的展示性。

项目前广场通过石材铺地、树池及无边缘水池的有机组合，形成开阔适宜的城市空间界面。5000 平方米的主入口前广场除了提供人流驻足观赏的空间，还起到分离参观与后勤流线的作用。来访人流从南侧项目前广场经过无边水池进入体验中心，倾听过工作人员的讲解之后，通过东侧入口进入北侧景观示范区域，再由西北侧入口返回洽谈区，进行洽谈。整个过程是连续的、流畅的，也是对项目建筑空间、景观氛围的完整体验。

在建筑围合出的双重院落里，竹子、阳光以及风形成摇曳斑驳的光影，赋予建筑灵动的生命力。通过廊道、微地形及多种植被的植入，让访客漫步于景观示范区时，置身于美的享受之中。

空间设计上，通过中心庭院和侧院双重院落的植入，使平面布局更具特色。建筑内部沿中心庭院北侧和南侧，结合东侧庭院之间地带设置展示区和洽谈区。东北角贯穿两层的旋转楼梯连接起两层功能空间，最大限度地强化空间体验感。空间之间相互渗透、交织，营造建筑空间的流动性、不确定性和混合性，使建筑"消隐"于自然环境之中。

砖墙的现代转译

在建筑单体设计上，为突出在地性，结合文化古城郑州的地缘基因，兼顾建筑的展示性和文化性特点，我们选择了砖的现代性表达——以铝板"砖墙"

为设计语言和形式语言，思考"材料的自然法则"。

在铝板"砖墙"表皮的尝试上，结合铝板材料延展性的特点，兼顾体验中心的空间尺度，选择了 100 毫米 ×400 毫米 ×2.5 毫米的铝板构件来模拟砖的尺寸，通过有序编织来表达传统"砖墙"的文化意象。

在建造上，通过多次对比、试样，最终确定通过铝板凹凸 30 毫米来形成凹凸砖墙的效果，标准单元组件也由单片变为三片。由工厂加工成品，以提高现场安装的可操作性和平整度。

在其他建筑材料的选择上，考虑到便捷性和工期要求，选择了标准钢柱及超白玻璃，极大地缩短了工期。建筑形态在方形体量的基础上结合平面功能及挑台的处理，形成丰富有序的立面逻辑关系。整个"砖墙"表皮结合超白玻璃的通透特质，金属与玻璃在阳光下交相辉映，形成光影斑驳的室内观感，兼顾现代感和文化韵味。

金运外滩体验中心设计从业主需求出发，从建筑的本土性及文化性入手，突出周边环境资源和建筑自身特质。顺自然环境之势，强调建筑自身的空间功能逻辑及其与场地的互动，适地貌场所、地域环境与文化之性。通过院落设置和"砖"的现代化转译，兼顾了建筑的艺术性和可识别性，将适性的设计理念贯穿始终。

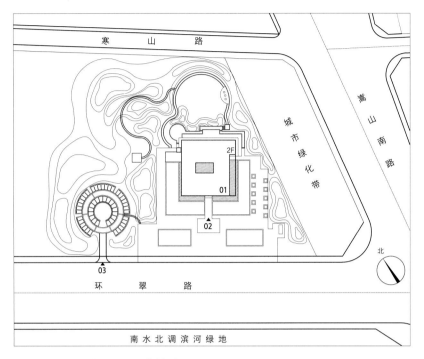

01 体验中心　　02 主入口　　03 停车场出入口

总平面图

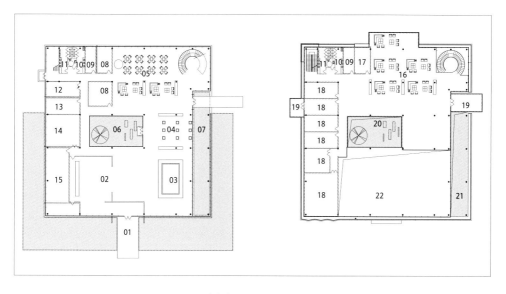

01 入口	06 内庭院	11 男卫生间	16 休息厅	21 庭院上空
02 销控台	07 庭院	12 财务室	17 更衣间	22 入口大厅上空
03 项目沙盘	08 签约室	13 销售经理办公室	18 办公室	
04 户型展示	09 仓库	14 会议室	19 露台	
05 水吧台	10 女卫生间	15 销售办公室	20 内庭院上空	

一层、二层平面图（自左而右）

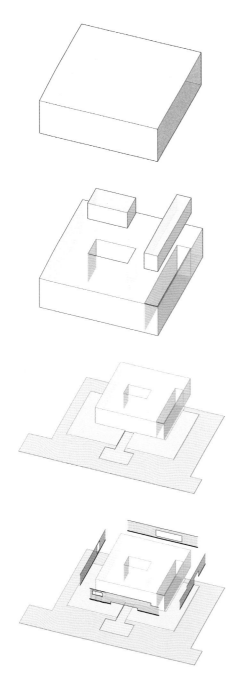

爆炸轴测分析图

附录 获奖项目年表

永威上和郡

全国优秀工程勘察设计行业奖一等奖（2021）
河南省工程勘察设计行业奖一等奖（2021）

鑫苑国际城市花园

全国优秀工程勘察设计行业奖二等奖（2010）

昆仑望岳艺术馆

全国优秀工程勘察设计行业奖三等奖（2019）
河南当代最美建筑一等奖（2016）
河南省工程勘察设计行业奖一等奖（2017）
河南省土木建筑科学技术奖一等奖（2017）
河南省建设科技进步奖一等奖（2018）

金运外滩体验中心

全国优秀工程勘察设计行业奖三等奖（2017）
河南省工程勘察设计行业奖一等奖（2015）
河南当代最美建筑二等奖（2016）

昆仑望岳居住区

全国优秀工程勘察设计行业奖三等奖（2021）
河南省工程勘察设计行业奖一等奖（2021）
河南省土木建筑科学技术奖一等奖（2021）

吉鸿昌纪念馆

第七届中国威海国际建筑设计大奖赛优秀奖（2013）

河南省工程勘察设计行业奖一等奖（2023）

河南省土木建筑科学技术奖一等奖（2015）

河南省住建系统庆祝中国共产党成立100周年书画摄影优秀设计作品一等奖（2021）

红旗渠博物馆

河南省住建系统庆祝中国共产党成立100周年书画摄影优秀设计作品一等奖（2021）

红二十五军鏖战独树镇纪念馆

河南省工程勘察设计行业奖一等奖（2022）

河南省土木建筑科学技术奖一等奖（2019）

河南省住建系统庆祝中国共产党成立100周年书画摄影优秀设计作品一等奖（2021）

郑煤机老厂区改造

河南省工程勘察设计行业奖一等奖（2021）

河南省土木建筑科学技术奖一等奖（2019）

五台山旅游综合服务中心

河南省工程勘察设计行业奖一等奖（2022）

河南省土木建筑科学技术奖一等奖（2021）

中原五岳书画院

河南省土木建筑科学技术奖一等奖（2021）

永威上和院

河南省工程勘察设计行业奖一等奖（2021）
河南省土木建筑科学技术奖一等奖（2021）

碧源月湖综合体

河南省工程勘察设计行业奖一等奖（2021）
河南省土木建筑科学技术奖一等奖（2020）

金领九如意

河南省工程勘察设计行业奖一等奖（2021）
河南省土木建筑科学技术奖一等奖（2020）

绿博国际会议中心

河南省工程勘察设计行业奖一等奖（2022）
河南省土木建筑科学技术奖二等奖（2020）

金沙东院

河南省工程勘察设计行业奖一等奖（2022）

吕祖山温泉度假酒店

河南省工程勘察设计行业奖一等奖（2022）
河南省土木建筑科学技术奖二等奖（2021）

阳光·海之梦

河南省第一届"建筑设计奖"一等奖（2012）
河南省优秀建筑设计方案一等奖（2013）

社区文化交流中心

河南省工程勘察设计行业奖一等奖（2023）

东史马艺术交流中心

第六届中国威海国际建筑设计大奖赛优秀奖（2011）

会展中心

河南省工程勘察设计行业奖一等奖（2023）

创谷科技展示中心

河南省土木建筑科学技术奖一等奖（2020）

鸿宝集团海南总部

河南省土木建筑科学技术奖一等奖（2022）

金沙壹号院艺术馆

河南省工程勘察设计行业奖一等奖（2022）
河南省土木建筑科学技术奖一等奖（2022）

信阳南湾金城翡翠溪谷

中国土木工程詹天佑奖优秀住宅小区奖金奖（2016）
河南省土木建筑科学技术奖一等奖（2018）

协和城邦城市综合体

河南省工程勘察设计行业奖一等奖（2021）
河南省土木建筑科学技术奖一等奖（2019）

睢县新时代文明实践中心

河南省土木建筑科学技术奖一等奖（2020）

绿岛滨湖健康产业园

河南省土木建筑科学技术奖一等奖（2020）

永威森林花语

河南省工程勘察设计行业奖一等奖（2023）
河南省土木建筑科学技术奖一等奖（2022）

图书在版编目（CIP）数据

适性建筑 = Contextual Architecture：
Harmonizing Locality with Modernity / 徐辉著. —
北京：中国建筑工业出版社，2024.4
ISBN 978-7-112-29632-3

Ⅰ.①适… Ⅱ.①徐… Ⅲ.①建筑设计—研究 Ⅳ.
①TU2

中国国家版本馆CIP数据核字（2024）第040906号

参编人员：杨 光　占 钦　冯 赋　吕卫东　崔奉迪　雷 明
　　　　　刘孜涵　程武一　张晓明　李佳康　戴文沙芳　等
责任编辑：张 建
责任校对：赵 力

适性建筑

Contextual Architecture: Harmonizing Locality with Modernity
徐 辉 著

*
中国建筑工业出版社出版、发行（北京海淀三里河路9号）
各地新华书店、建筑书店经销
北京锋尚制版有限公司制版
北京雅昌艺术印刷有限公司印刷
*
开本：787毫米×1092毫米　1/16　印张：19　字数：374千字
2024年7月第一版　　2024年7月第一次印刷
定价：**238.00**元
ISBN 978-7-112-29632-3
（42706）

版权所有　翻印必究
如有内容及印装质量问题，请联系本社读者服务中心退换
电话：（010）58337283　QQ：2885381756
（地址：北京海淀三里河路9号中国建筑工业出版社604室　邮政编码：100037）